魔女の樹

不思議の森の樹木事典

本書は、読み物としての一般的な情報を提供することのみを目的としており、特定の治療行為や治療法を奨励または促進するものではありません。また、何らかの病気または症状を診断・治療・予防するものではなく、医師等の医療的専門家からの指示に代わるものでもありません。本書に記載の情報を利用する前に、必ず医師又は資格のある医療従事者の指示を仰ぎ、本書に記載された内容を治療等の医療的行為の代替行為とすることは決してしないで下さい。
本書著者、編集者、翻訳者、英語版ならびに日本語版出版社、およびキュー王立植物園は、本書の内容の正確性、完全性等に関して、いかなる保証もせず、また特定の目的のための商品性や適性も保証するものではありません。本書の内容を元に行われた、直接的または間接的ないかなる負傷、疾病、損害または費用の補償は一切行いません。さらに、本書著者、編集者、翻訳者、英語版ならびに日本語版出版社、およびキュー王立植物園は、本書に記載された植物の用法または植物に関する俗信が科学的に正確または推奨できるとして、採用、推奨、支持するものではありません。

Witch's Forest
Trees in magic, folklore and traditional remedies

Published in 2023 by Welbeck, an imprint of Welbeck Non-Fiction Limited
part of Welbeck Publishing Group

This Japanese edition was produced and published in Japan
in 2024 by Graphic-sha Publishing Co., Ltd.
1-14-17 Kudankita, Chiyodaku,
Tokyo, 102-0073, Japan

Royal Botanic Gardens Kew
英国王立植物園
キューガーデン
植物標本収録
WITCH'S FOREST
魔女の樹
不思議の森の樹木事典
サンドラ・ローレンス 著
堀口容子 訳
g

Introduction

はじめに

「森」という言葉を聞くと、とても多くのイメージが浮かびます。ロビン・フッドとその一味が潜む緑濃き森。木々の葉が水を滴らせ、下生えがうっそうと茂る熱帯雨林。苔むした不気味な枝が霧の中から現れる温帯雨林。重なり合った針のような葉の間から木漏れ日が差す、ひんやりと静かな針葉樹林。深夜には静まりかえった森の空き地に銀色の月の光が揺れます。

人類は、物語を紡ぎ始めてからというもの、ずっと木々について語ってきました。木々は頭上はるか、自然の殿堂のようにそびえ、地上で最も丈の高い生命体で、何百年と年を経ることも珍しくありません。木々は強さや長寿や賢さの象徴でした。古代の人々は木々に魂があり、時にはそれが特定の木に結びついた妖（あやかし）の姿を取って現れると信じていました。人類は食料を得たり、暖を取ったり、隠れ家にしたり、衣服や薬を手に入れたりと、考えられる限りの方法で木を利用することを覚えましたが、それでも今なお樹木という巨大な生命については未解明の謎も多いままです。

人類と森との関係は複雑です。私たちは食料や薪のため、また隠れ家や聖域として森を必要とします。森で狩りをし、森を散策し、森に隠れますが、それでも森の秘密がすべて解き明かされていないことも知っています。森は私たちを匿ってくれるように他の存在も匿うからです。匿われているのが何者か、誰に分かるでしょう。無法者か追い剥ぎか。精霊か幽霊か。仙人か妖精か、それとも魔女？　親切な相手であればいいのですが果たして……。森の暗がりではとても道に迷いやすく、二度と帰れないかも知れないのです。

さて、私はこの本を書いている間、何度もいらだちを覚えました。木々の民話や伝説や迷信がないからではありません。その正反対で、ある種の木、あるいは特定の1本の木についてだけでも、ありとあらゆる伝説の本が書かれているのです。この本が、森や林、その中の木々について、民話の宝庫から、そのごく一部だけでもすくい上げられていれば嬉しいと思います。人間の想像の森に住む無数の生き物には、実際の生き物であれ想像上の生き物であれ、ほとんど触れられませんでした。著者としては、本書が読者の生涯の関心・探求のきっかけになればと願うばかりです。森や木々については、数多の本や記事、物語や伝説や迷信、利用法や呪文や歴史が書かれ、語られ、囁かれてきました。読者の皆さんが、本書で述べたよりもっとずっと多くのことを楽しんで下さいますように。

Chapter 1
The Ancient Grove
第1章 古代の森

森は世界で最も古くから

聖地とされてきたところの1つです。

他にこれほど古いのは、

森を流れる川や森が覆う山々しかありません。

ほとんどの文化には聖なる森があり、

開拓され、コンクリートで固められた現代社会でも、

私たち誰もが何らかの形でそのイメージを持っています。

それは民話に埋もれた、半ば遠い記憶の中にあり、

もしかしたら私たちの魂に

刻み込まれているのかも知れません。

世界の聖なる森は宗教上大きな意味を持ちますが、
同時に、多くはその社会が保護する最後の地として、
絶滅の危機にある希少動植物の棲家でもあります。
どこであれ、そういった土地の伝承は驚くほど似通っていることが多いのです。

古代インドのアーラニヤカ（文字通り「森林書」）は、紀元前700年から900年の間にリシ（聖者）たちが書いたとされる、4種から成るヴェーダ（聖典）です。リシたちは人里離れた森のアーシュラム（庵）に住み、精神を養う森の近くで瞑想や修行に励みました。しかし、聖なる森という概念は、決して隠者だけのものではありません。歴史的に、地方の住民共同体は周囲の森の一部を神の住まう所として守ってきましたが、薬草摘みに森に入ることは許可されるのが普通でした。

しかし、植民地支配でこの制度は崩壊しました。古代からの村の権利は認められず、聖なる森も単に木材源と見なされたのです。伝統が生き残った地域は地球上最も生物多様性に富んだ

生息地であることも少なくありませんでしたが、インド独立後も、地方の村々に権限を戻して欲しいというマハトマ・ガンジーの強い願いは無視されてしまいました。ようやく1980年代以降、一連の「森を守れ」という運動が、「2006年指定部族およびその他伝統的森林住民（権利認定）法」につながったのです。これまで、マハーラーシュトラ州の3,600以上の村がその周囲の森に共同体の権利を取り戻しましたが、インドで失われてしまった聖なる森の代わりになるには、まだまだ遠い道のりが待っています。

古代ギリシャでは、どんな時や場合にもニュムペー（精霊、ニンフ）がいました。ホメーロスは谷と森と空想の楽園アルカディアの一部のニュムペーであるアルセイスについて語っています。こういう場所で神託が下されることもありました。ギリシャ北西のドードーナにあるナラの木の森のような所です。神官や巫女が木々の葉を吹き抜ける風の囁きの意味を説き明かしました。ホメーロス、エウリピデス、ストラボン、ヘロドトスなど、著者によって、その囁きはゼウスの神託であることもないこともあったようです。イアーソーンと彼の船、アルゴー船の乗組員の神話では、船の舳先の材木がドードーナ産だったことから、船は同じように予言の力を持つとされました。

下 ピエール・ピュヴィス・ド・シャヴァンヌ画「聖なる森、技芸と芸術の女神たちの好むところ」、1884年。

一方、北ヨーロッパでは、銅の時代と鉄の時代初期の摩崖に、木のモチーフを用いたものが多くあります。ヴァイキングはスウェーデン沿岸部でルンダという農村を営みました。考古学者たちはここで焼かれた生け贄の遺物を発見しましたが、これは聖なる森のしるしだった可能性があります。ルンダという地名の語源、古ノルウェー語のルンドルは「森」を意味し、これに神の名前、例えば女神フレイヤの兄フレイの名をつけると、その森がフレイに献げられたことを表します。ですから、現在フロースルンダと呼ばれる所は、「フレイの森」だったのです。

神話や考古学上の発掘結果から、古代のゲルマン人にとって森が大切だったことは明らかですが、それを最初に文字で記録したのは、古代ローマの元老タキトゥスです。彼の歴史民族誌「ゲルマーニア」は、元は「ゲルマン人の出自と現状について」という題でした。この書に、北方の民族が森を特定の神の名前で聖別し、その神々は「帰依したものの目にしか見えない」と書かれています。タキトゥスは配下の民族を長い間苦労して観察したのでしょうか。ローマの巡礼も帰依するだけで神々を目にしていたという記録はありません。ローマのルークス(聖なる森)もゲルマン人の聖なる森とそれほど変わりませんでしたが、耕作されていた点が違いました。そこには旅人のための社(やしろ)や祠(ほこら)がよくあり、個人で神に祈ったり捧げ物をしたりする場所として使ったのです。こういったルークスは他の森とは区別されていました。天然の森はシルヴァ、耕作はされていても聖別されていない森はサルトゥスやネームスと呼んだのです。また、ルークスには決まった祭日がありました。聖なる森の祭りであるルーカーリアは、7月19日と21日に行われましたが、具体的にどんな祭りだったかはよくわかっていません。

p.12 フェルディナント・クナープ画「古代遺跡のある南方の風景」、1899年。

しかしキリスト教の教会は、森そのものや異教徒の森の受け止め方に強い疑いの目を向けました。11世紀のクヌート王は樹木崇拝を違法としましたが、古代の異教徒の森とヨーロッパ各地の大聖堂のアーチ型天井の間には、後者が巨木のようだとして類似点を指摘する声が多く聞かれます。

南方に目を転じると、ヨーロッパ人が来る前、ニュージーランドのマオリの人々は、カウリの木(*Agathis australis*)の森を神の木の森として崇拝していました。カウリの森は歌ったり瞑想したりする場所であり、父なる天と母なる大地が固く抱き合う物語を語る場所でした。しかし例によって、植民地主義者は、セコイアに次ぐこの巨木を資源としか見ませんでした。今日まで生き残ったカウリはほんの一握りですが、気高く堂々と神代を思い起こさせてくれます。特に大きな2本はテ・マツア・ナヘレ(森の父)、タネ・マフタ(森の神)と呼ばれ、今なお品格が伝わるのです。

植民地化による同じような出来事はアフリカの多くの国にも起こりましたが、貴重な森の劣化の一部は貧困や企業の搾取、気候変動によるものです。残った森は野生動植物や村人にとって聖地となり、多くの国では生者も死者もまだ生まれぬ者も、誰もがそこを守る役割を負っています。ナイジェリア南西部オショグボ郊外にあるオシュン=オショグボの聖なる木立は、アフリカで最も有名な森で、その濃い木々や森を縫う川や空き地は、ヨルバの人々の豊穣の女神オシュンの住まいです。女神の祠や彫刻が至る所に祀られたこの森を、ヨルバ文化のおそらく最後の拠り所であり、普遍的な価値があるとして、ユネスコは世界遺産に認定しました。近隣のガーナの森にも川が多く、ニャメ・ドゥア(*Vachellia xanthophloea*、「神の木」の意味)という木が見られますが、この木は癒やしの力があり、悪霊を追い払って悪魔の攻撃から守ってくれます。今日のガーナとコートジボワールに住むアカン系諸族は、アサセ・ヤという聖樹に住む女神の守護を受けています。聖樹近くでの農業や狩り、洗濯も禁じられますが、薬草摘みは許されることもあります。

アジアでは、中国南部の石林にある奇岩や洞窟が人気の観光地です。しかし、サニ族の森は神を礼拝する場所なので、何百万もの観光客からは隠されています。多くの先住民族と同じく、サニの人々も自分たちと森、特に聖なる森との関係は「森の保護・管理を任されている」と考えていますが、文化大革命で最大・最古の木々が多数切り倒されて製鋼炉に投げ込まれ、古い信仰が揺るがされました。それでも、非常にゆっくりですが、古代からの民族の伝統の大切さが認められてきています。都会へ移住しなかった人々は村落の共同体重視のプロジェクトで働き、手遅れになる前に古くからの生き方を取り戻すと同時に、生活と生態系を改善しようとしているのです。

他に、聖なる森の見かたに関連して「竹林の七賢人」という説話があります。3世紀、政治と腐敗に失望し、森に隠遁して道教や詩歌や音楽を論じた人たちで、明朝（1368〜1644年）の美術や文学で描かれました。日本でも、9世紀には七賢人のモチーフが用いられています。

日本の神道では、神は森や岩、滝、山といった神奈備（かむなび）に住まいます。神社の周りには小さな鎮守の森があり、楠（*Cinnamomum camphora*）や杉（*Cryptomeria japonica*）や公孫樹（*Ginkgo biloba*）などを神木として、注連縄を巻くこともあります。鎮守の森の入り口には鳥居を設けて目印にしました。

下 気根を持つ菩提樹。「無限大と無限小」より、1882年。
p.15 菩提樹は、この木の下で釈迦が悟りを開いたとされる木。

Banyan, Balete and Baodhi
ベンガルボダイジュ、ベンジャミン、インドボダイジュ
Ficus benghalensis, Ficus benjamina, Ficus religiosa

ポリネシアでおとぎ話の始まりの決まり文句
「昔々あるところに…」に当たるのは、「菩提樹の木の下で…」です。
この言葉は、大きく広がった菩提樹の下で
語り部が物語をした頃にまで遡るものなのです。

多くの伝説がベンガルボダイジュ、ベンジャミン、インドボダイジュを混同して呼びますが、これらは同じイチジク属の別の種です。

ベンガルボダイジュ（*Ficus benghalensis*）はインドの国の木になっています。ヒンドゥー教のトリムールティ（三神一体）の象徴であり、創造神ブラフマーは根に、守護神ヴィシュヌは幹に、破壊神シヴァは気根に宿るとされます。また、ある形では、シヴァはベンガルボダイジュの下に座って、死神ヤマの住む南を向いているといいます。実は、ヤマもこの木と関わりがあるのです。

叙事詩マハーバーラタにサーヴィトリーという人妻の物語があります。彼女は夫サティヤヴァーンの死に打ちひしがれ、ヒンディー語でヴァットと呼ばれるベンガルボダイジュの下に夫の遺体を横たえました。すると、彼女の信心深さに心を打たれたヤマが、夫を生き返らせる以外なら何でも願いを叶えようと言います。ところが、サーヴィトリーが息子を1,000人欲しいと願ったので、ヤマはサティヤヴァーンを返さない限りこの願いを叶えられないと悟り、負けを認めたのでした。以来、ヴァット・プルニマ祭には、既婚女性はサーヴィトリーを憶えてベンガルボダイジュの木に糸を巻くのです。

ベンガルボダイジュは、主根が枯れても新しい根が出続けることから不死と結びつけられ、そのため「足の多い木」という意味のバフパードという別名があります。また、「願いと富と幸運を叶える者」という意味のカルパヴリクシャと呼ぶ人もいますが、一方で、不吉だという強い俗信もあります。この木の近く、特に墓地にある木の周りには、悪魔や精霊、死者の魂が潜んでいるというのです。それでも、ベンガルボダイジュはとても愛されているので、人々は村の周囲の会合場所などにこの木を植えて、迷信と妥協することがしばしばです。

インドボダイジュ（*Ficus religiosa*）は聖樹、覚樹とも呼ばれ、仏教では非常に重要な木です。紀元前6世紀頃にゴータマ・シッダールタがこの木の下で悟りを開いたとされているからです。インド北部に生えていたその木は遠い昔になくなりましたが、紀元前3世紀に尼僧が挿し木用の枝を取り、スリランカのアヌラーダプラに植えました。現在、この木は人の手による最古の植樹となっています。その後、この木の若枝がインドのビハール州ブッダガヤに戻され、大菩提寺（マハーボーディ寺院）に植えられました。

p.17 枝を垂れるボダイジュ（ベンジャミン、*Ficus benjamina*）。マリアン・ノース画「ジャワ島マランの広場」、1876年頃、キュー・コレクション。
p.18 ベンガルボダイジュ（*Ficus benghalensis*）、マリアン・ノース「ジャワ島バイテンゾルフ（現ボゴール）」、1876年頃、キュー・コレクション。

ポリネシアの民話では、見守りの女神ヒナは月に住んでいたことがあり、月に生えたベンガルボダイジュの木の皮で作ったタパという布をまとっていました。ある日、その枝が折れ、地上に舞い落ちました。そしてヒナのペットの鳩がその実を食べて、世界中に種を運んでいったと言います。ヒナの「月のベンガルボダイジュ」は、おそらくベンジャミンなど菩提樹の仲間を含むイチジク属の木だと思われますが、これはアジア太平洋地域に共通して伝わる何百もの類似の伝説の1つに過ぎません。

菩提樹の仲間は厳密には「木」ではなく、「半着生植物」です。まず宿主にくっつくところから生命が始まり、水分と養分は空気から得ます。宿主はたいていの場合別の植物です。しかし、成長すると地面に根を伸ばし、宿主を圧迫していくため、「絞め殺しの木」という別名があります。

菩提樹の仲間は、フィリピンで最強かも知れません。この国では驚異と恐怖両方のイメージになっています。この木の中に隠れているのは、人間の姿をした精霊のエンカントかも知れません。エンカントはドゥエンデ（小人）、ディワータ（妖精）、カプレ（鬼）、ティクバラン（半人半馬）などの親しい仲間です。地方では、今でもこれらの存在に生け贄を捧げているところもありますが、木々については、人々は全国どこでも敬意を持って接しています。森に入る時には、精霊が機嫌を損ねると差し向けてくる病気や悪運を避けられるよう、「タビ・タビ・ポ（「失礼します」「通して下さい」などの意味）」と唱えることが多いのです。

特に年代を経た菩提樹は、それ自体が観光名所になります。フィリピンのマリア・オーロラにあるホロウ・バリートなどです。ホロウ・バリートにはトカゲやコウモリが住み着き、夜には何百万ものホタルで輝きます。「謎の島」ことシキホル島はマンババラン（魔女）が住むとされますが、ここにも有名な菩提樹があって、泉が湧いているのです。

ニュー・マニラのバリート・ドライブは、かつて通りの真ん中に立っていた巨大な菩提樹から名前がつきました。1950年代以降、ベールを被った白い服の謎の女性がこの木の下で待っているという様々な都市伝説が語られています。通り過ぎてからドライバーがリアミラーを見ると、後部座席に血まみれになった彼女がいると言うのです。この話はインターネットで膨らみ、広まりました。

イチジク属の多くの種類は庭木として好まれますが、フィリピンで菩提樹の仲間を家に持ち込む人は誰もいません。木の中に住んでいる幽霊をうっかり招き入れてしまうのを恐れるからです。

p.21　ベンガルボダイジュ（*Ficus benghalensis*）。「カーティス・ボタニカル・マガジン」より、1906年。

1
2
3
4
5
6
7
8

Cupressus Sempervirens.
From a dried Specimen, Merano. Tyrol. 1924
Will. A.P.S.

Cypress ヒノキ科の木 *Cupressaceae*

英語でItalian Cypressと呼ばれるヒノキ科のイトスギ（Cupressus sempervirens）は昔から崇められてきました。Cypressという名称は多くの木に使われますが、Cypressとつく木がすべてヒノキ科というわけではありません。

イタリアの地方部ではよく、小さな丸い松かさのような実をつけた濃緑のイトスギの尖端が、ムーア風やギリシャ風、ローマ風の庭園に高さと「構成美」を加えている光景が点在します。古代ローマ人はアルス・トピアリーア、つまり現代のトピアリー（装飾的刈り込み）に似た剪定・整形技術を駆使してイトスギを管理しました。しかし、イトスギは弔いの木とされることの方が多く、現在も南欧では墓地に影を落として、永遠の生命を表す標識、常緑の哀悼者となっているのが見られます。けれども、イトスギと死はもっと古くから結びついていました。

ギリシャ神話では、青年キュパリッソスは大切なペットの鹿を誤って殺してしまい、その償いとして永遠に嘆き悲しむことを望みます。それで、太陽神アポローンは彼を、涙のような滴を落とすほっそりした濃緑のイトスギに変えました。また、同じような悲話で、美の女神アプロディーテーは、不死ではない人間の恋人アドーニスが、猪の牙にかかって死んだ後、1年の半分を冥界の王ハーデースのもとで過ごすことになったのを悼み、その間はイトスギに身を隠しました。また、不思議なトロフォーニオスの神託には、白く輝くイトスギの話があります。ハーデースの泉のそばに生えていて、旅人にはっきり「近づいてはいけない」と忠告するのです。さらにペルシャの神話では、武王キュロスの墓の傍らのイトスギは、毎週金曜には血を流して泣くと言われました。

服喪との結びつきは、イギリスのヴィクトリア時代の「喪の言葉」にまでつながりました。イトスギとシュロを絡み合わせて、死への勝利を象徴したのです。それでいて、イトスギは古代から重宝な木材でもありました。ノアは方舟をイトスギで建造したと言われますし、寺院の屋根材にも好まれました。その有名な例が、1200年にまで遡るイタリアのエミリア・ロマーニャ州ヴェルッキオの教会です。アッシジの聖フランシス自身が新しい女子修道院を建てたいと望んでいたと言われます。聖フランシスは弟子たちが火を熾すのを手伝いましたが、薪が足りなかったため、自分のイトスギの杖を火にくべました。すると翌朝、杖は灰の中から蘇ったのです。聖フランシスはこの魔法の杖を植え、その周りに修道院を建てたのでした。こうしたイトスギと火との結びつきは、ゾロアスター教の伝統的な火の崇拝にも見られますが、おそらく樹形が炎の形に似ているからではないでしょうか。

近年、可哀相なイトスギは人気を失ってしまいました。悪名高い栽培種レイランドヒノキ（*Cupressocyparis x leylandii*）のせいです。この種を不適当な場所に植えると、成長が速く密になる性質のため、厄介者という不当な汚名を得てしまったのです。

p.22 イトスギ（*Cupressus sempervirens*）、メアリー・アン・ステビング画、1924年。キュー・コレクション。

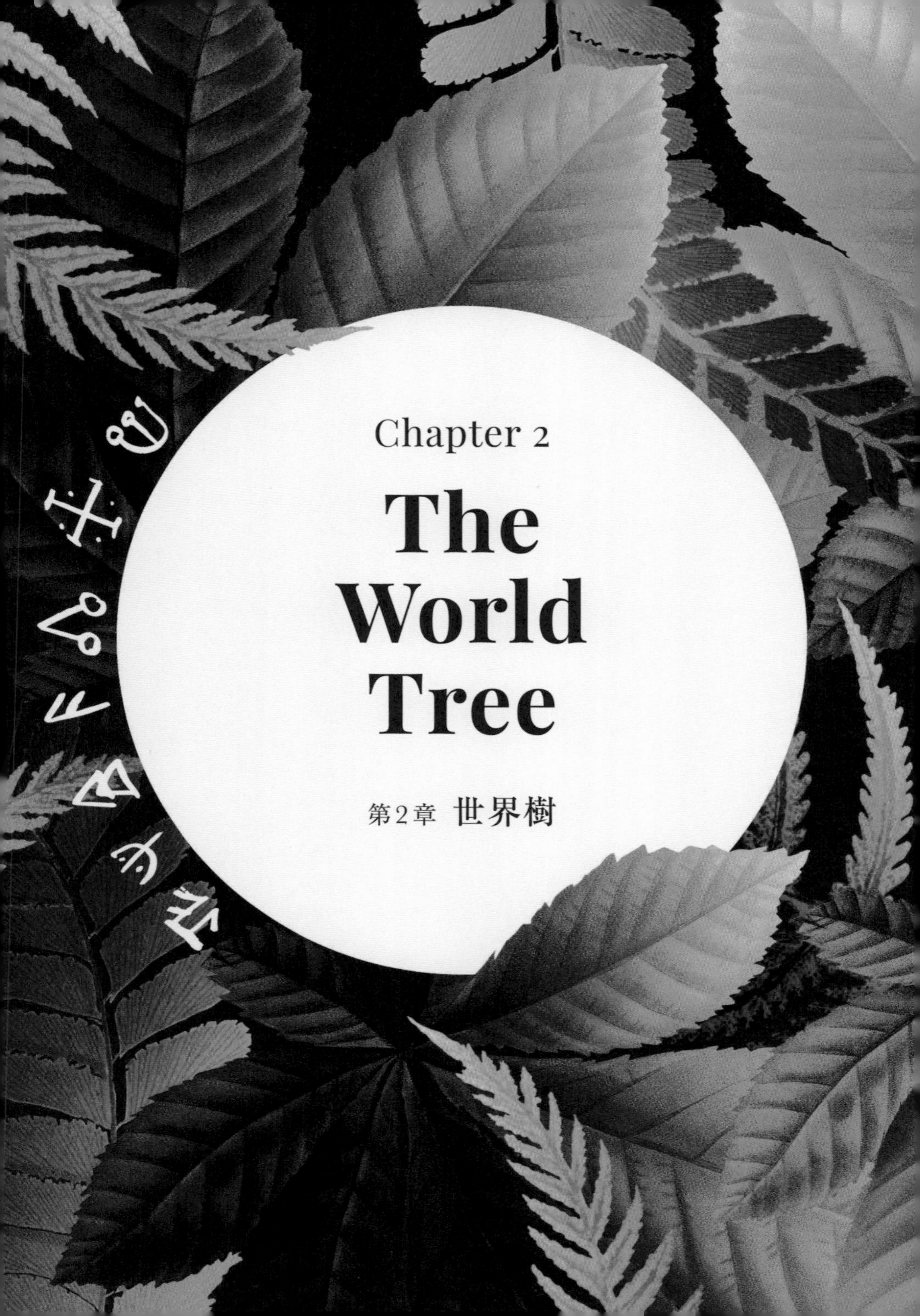

Chapter 2

The World Tree

第2章 世界樹

天の柱の間に立つ軸は、

多くの文化に登場します。

世界軸（アクシス・ムンディ、*axis mundi*）は

天と地が出会うところで、

その上で地球が回転する見えない柱であることもあれば、

山や湖や岸壁のような地元のランドマークであることもあり、

何か神話上の存在であることもあります。

この軸のモチーフの最も一般的な形が、

世界樹なのです。

世界樹は、ハイチからフィンランド、ハンガリー、インド、
日本、シベリアまで、世界中の民話に登場します。
物語では、はるか昔に枯れてしまった特定の木を指す場合もあれば、
その子孫が慎重に増やされ、今も崇敬されていることもあります。
しかし多くは、比喩的な木か人の目に見えない存在です。

大半の世界樹伝説には異なる領域を示す3つの区域があります。神々は最も高いところの枝に暮らし、人類は幹の周りに住み、根は地下世界に属します。木には様々な動物も住んでいることがあります。鳥たちは賢く気高く、何でも知っているのが普通です。一方、地上や地下の生き物はほとんど邪悪で、アダムとイブがヘビにそそのかされて知恵の木の実を食べたという聖書の物語は、その典型例です。

最も有名な世界樹は、北欧神話で9つの世界を支えるというトネリコ（トネリコ属、*Fraxinus*）の巨木、ユグドラシルではないでしょうか。その頂きにいる大鷲は、ユグドラシルの根を囓るドラゴンのニードヘッグには会ったこともないのに、お互い憎み合っています。リスのラタトスクが1日中幹を上へ下へと走り回って、お互いの侮辱を伝えているからです。ユグドラシルは時に揺れ動いてうめき声を上げ、神と人の世界の終末であるラグナロクを予告します。

ペルシャ神話にも同様に、ゾロアスター教文化で聖とされるハオマ（生命）の木、ガオケレナの物語があります。世界のあらゆる植物はこの木の種から増えました。いくつかの物語では伝説の鳥シームルグがこの木の枝に住み、カエルまたはヘビがこの木の根を削っていると言います。

アフリカには、世界が創られた後、人間と動物の間で大きな戦争があったというタンザニアのワパングヮ族の人々の物語があります。動物たちは、シロアリの塚に創られた生命の木の葉や実を食べたがっていましたが、人間たちは聖樹を純粋に保ちたいと考えました。人間は戦争に勝ったものの、以来永遠に動物たちからの好意を失ってしまったのです。

古代エジプト人は、神はエジプトイチジク（*Ficus sycomorus*）の巨木に宿ると信じ、マヤ人は青っぽい緑のカポック（*Ceiba pentandra*）の巨木を崇拝しました。中国の神話では、クワ属の扶桑は10

左 フランツ・ヨーゼフ・ハイドンのオペラ『アルミーダ』に登場する牧神ファウヌスの衣装スケッチより、1784年。
p.27 北欧神話の聖樹ユグドラシル。
9つの世界などあらゆるものの中心にある。

YGGDRASILL,

The Mundane Tree.

see p. 492.

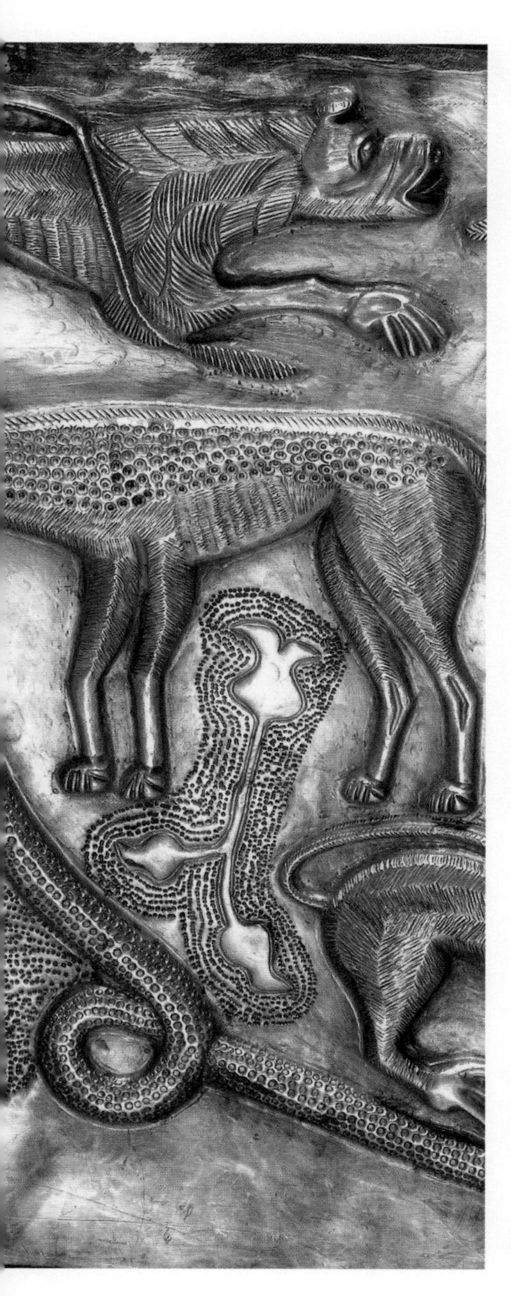

個の太陽が休む霊木であり、太陽たちは毎日下の枝から順に頂まで登っていって、また下りてくるとされます。ある時、10個の太陽全部が空に上がってしまったので、弓の名手の后羿（こうげい）が9個を射落とし、1個だけを残しました。別の伝説では、扶桑は玉鶏（ぎょくけい）という天の鶏の棲家でもあって、毎朝この鶏が鳴くと世界中の鶏が目覚めて鳴くのだそうです。

民話で最も多い世界樹はヨーロッパナラ（*Quercus robur*）の木です。リトアニアとフィンランドの民話では直立ですが、バルト諸国やスラヴの伝説では逆立ちで、枝が地面に広がり、根が天に届いています。

世界樹は北米先住民にも好まれるモチーフでした。イロコイ、ヒューロン、アルゴンキンなどの人々の文化では、ムースの毛やアメリカヤマアラシの針を材料に、鹿革の衣服にこのモチーフが刺繍されました。縁取りには天球を表すアーチ、木々を表す渦巻き、太陽を表す輪などが取り入れられています。ラトヴィアでも不思議なナラの木（アウストラス・コークス、「夜明けの木」の意味）のモチーフが、刺繍や服飾品、民芸品に用いられました。これは世界の秩序の象徴で、身につけた人に幸運をもたらすと信じられています。

左 グンデストルップの大釜。
多産と豊穣と死者の蘇りに結びつけられている。

Ash セイヨウトネリコ *Fraxinus excelsior*

セイヨウトネリコは北欧神話の世界樹として最もよく知られていますが、ケルトの伝承でも重要です。中でも、ウェールズの魔法使いグウィディオンの杖はこの木でできているのです。

ヨーロッパの民話で重要な木の1つ、セイヨウトネリコは北極圏からトルコまで分布します。羽状葉（葉が3〜6対と先端に1枚つく。イギリスの一部では、先端の1枚がない木を見つけたら、四つ葉のクローバー同様幸運とされる）を持つ優美な樹形です。実は特徴的な鍵型の房を作り、それぞれに翼があって自力で地面に舞い落ちます。セイヨウトネリコはオリーブ（モクセイ科、Oleaceae）と同じ科なので、油分も出します。

古代ギリシャでは、人類はセイヨウトネリコが形作った雲から生まれたとされました。名前は古英語で槍を意味するaescから来ており、古代から道具や武器の柄に使われました。アキレウスはこの木の槍を投げ、クピードーは矢を放ったのです。しかしなぜかこの木は海神ポセイドーンに捧げられており、アイルランドでは水難避けのお守りだと言われています。

セイヨウトネリコは異教のシンボルとされたため、キリスト教到来の時代には苦難の時を迎えますが、人々はこっそりこの木を崇め続けました。19世紀の移民も、アメリカへの長い船旅にお守りとしてこの木片を身につけていったのです。

しかしやはり、キリスト教からのネガティブなイメージは長く残りました。スカンジナビアやドイツでは、「セイヨウトネリコの妻」を意味するアスキャフロア（デンマークではエスケフル）は木の中に住む悪霊ですし、魔女のほうきの柄はセイヨウトネリコだと囁かれました。セイヨウトネリコが実をつけない年は不吉だと信じられましたが、それはイギリスでチャールズ1世が斬首された年に援軍が来なかったという「事実」で「証明」されたとされています。

その後運命は再逆転しました。セイヨウトネリコの木を切るのは不吉なことになり、いくつかの伝承では、ヘビはこの木の葉で作った輪を横切れないといいます。スコットランドでは、赤ちゃんにこの木の樹液を少量与えました。また、イギリスのいくつかの地方では、揺りかごにセイヨウトネリコのつぼみを置いて、妖精が赤ちゃんを妖精の子と取り替えてしまうのを防ぎました。もしかしたら、これがもっと最近の20世紀、灰の水曜日に子どもたちがつぼみつきの枝を学校に持って行く伝承の元になったのかも知れません。枝を忘れた子は友だちに足を踏まれるのです。灰の水曜日は元々、レント（イースター前の日曜を除く40日間で、古くは精進潔斎の期間だった）の始まりに灰（ash）をかぶって懺悔したことに由来しますが、このキリスト教の聖日が英語で同音のセイヨウトネリコ（ash）と結びつくのは止められませんでした。また、クリスマスのお祭り騒ぎの中でこの木の束を燃やすことも、やはり止められなかったのです。

p.31 セイヨウトネリコ（*Fraxinus excelsior*）、エリザベス・ブラックウェル『ブラックウェル植物図譜』より、1760年。

Fraxinus.

Eschenbaum
Hündholtz.

熱帯雨林

熱帯雨林は赤道の南北10°の範囲に生じ、
この地域には乾期がありません。
植生は密で、暑くて湿度が高く、不思議な物語がいっぱいです。

熱帯のジャングルの成長速度が速いお蔭で、住居跡はどんなに立派なものでも、ほんのしばらく忘れられただけですぐに木々に飲み込まれてしまい、それが失われた文明の伝説につながります。スペインの征服者たちが母国に語り伝えた南米の黄金郷、エル・ドラドの神話はうっそうとしたジャングルに埋もれ、定期的にハリウッドにリメイクされてきました。世界を見渡すと、カンボジアのアンコール遺跡群のうち、12世紀の寺院であるタ・プロームは、15世紀にクメール王朝が滅んだ後に放棄されました。現在ではカンボジアで最も有名な観光地ですが、発見されたままの姿のため、巨大なソンポン（*Tetrameles nudiflora*）の根が壁や扉や柱を突き破って伸びています。

しかし、ほとんどの熱帯雨林の民話は、そこの木々だけでなくジャングルそのものについての話です。インドネシアでは、サトウヤシ（*Arenga pinnata*）はベル・シボという少女だとされます。彼女は賭け事で身を持ち崩した兄を助けるため自分が犠牲となり、木に変えられて、彼女の涙（樹液）からは甘い酒が、彼女の髪（葉）は村人の家の屋根材になったのでした。ジャワ島の神話では、同じ木が醜悪なウェウェ・ゴンベルの棲家とされることもあります。元は恐ろしい女の精霊で、親に虐待されている子どもを掠って世話をすると語られました。

マンディオカはキャッサバ（*Manihot esculenta*）の食用になる根で、ブラジルでは人気の食材です。アマゾン住民の伝説では、キャッサバはマニの墓から生えるそうです。マニは不当に村から追放された女性の女の赤ちゃんで、肌が月のように輝いて母親の無実を証明したのですが、初めての誕生日に死んでしまいました。

巨大なセイバ・ルプーナ（*Ceiba lupuna*）の胴回りは、身体はこの世にありながら精霊となった不幸な人々の住む別世界への入り口だと言う人がいます。ペルーの伝説では、村の誰かにお腹の病気の呪いをかける悪いシャーマンが、こっそりこの木を訪れるそうです。そして樹皮を切り取り、盗み出した被害者の服の切れ端をそこに隠します。シャーマンに狙われた人は最初、自分のお腹が膨らむのに気づきませんが、すぐに手遅れになります。助かる唯一の方法は、その木を探し出し、何かもっといい捧げ物をすることなのです。

熱帯雨林の奇妙な物語はあれこれあります。中南米原産のウォーキング・パーム（*Socratea exorrhiza*）は、気味悪い竹馬のような支柱根で立つことから、森を歩き回るというたくさんの話が生まれましたが、残念ながら根拠はありません。しかし奇跡は起きるものです。2019年、科学者たちは、世界で最も背の高い開花中の植物を発見しました。高さ100.8メートルのイエロー・メランティ（*Shorea faguetiana*）です。それでも彼らは、熱帯雨林はもっと高い奇跡の花を隠しているに違いないと確信しています。

p.33 マリアン・ノース画「ジャワ島ジ・ボッダスの滝」、1876年頃、キュー・コレクション。

温帯雨林

時にケルトやアトランティックの森と呼ばれる温帯雨林は、
よく知られた熱帯雨林より無名ですが、
もしかしたら熱帯雨林より危機に瀕しているかも知れません。

ひんやりと謎を秘め、熱帯雨林と同じくらい緑の濃い温帯雨林は、雨が多くて気温変化の小さい地域に見られます。太平洋北西部のような海沿いや、ヒマラヤ東部のような山岳地にあるのが普通ですが、エアポケットのような狭いエリアにあって驚かされることもあります。このように幅広い地形にあるため、温帯雨林は極めて多様な生態系の宝庫となっており、それぞれの生態系が木々と伝説を育んできました。

日本の平地は最終氷期の影響をあまり受けませんでした。これは、太平洋側の常緑林などの森林が、氷河の犠牲になるはずだった生物種の避難所になったことを意味します。たとえば、ツバキ(*Camellia japonica*)が日本でどれくらい古くからあるかは不明ですが、この照葉樹は、神霊が地上で宿る依代(よりしろ)として大切にされています。野生や寺院の庭、墓地の椿は非常に好まれますが、咲き終わるとまるごと落花することから、斬首を連想させるとして忌まれることもあります。

グレート・カレドニアン・フォレストは、スコットランドのハイランド地方に連なる小さな森の集まりで、アーサー王や魔法使いマーリンなどの伝説が豊かなところです。かつてどれほど大きな森だったか正確にはわかりませんが、失われた広大な森という想像は生き続けています。アーカイグ湖の松林のどこかに、1745年に「いとしのチャールズ王子」こと若僭王チャールズ・エドワード・スチュアートの王位奪還を支援するためにフランスから密かに持ち込まれた遺宝が、今なお眠っているという伝説があります。湖自体にも、普段は馬の姿で変身もできる水の精、ケルピーが住むと言われます。

温帯雨林は地上で最も危機に瀕している環境の1つですが、希望もあります。カナダのブリティッシュ・コロンビア州のグレート・ベア・フォレストは、ごく最近救われた環境の1つです。先住民族であるヘイルツクの人々が、以前頓挫した製油・製材企業との協定に直接参加できるようになってから、回復が始まりました。森の名前は絶滅の危機にある「クマの精」こと白いカーモード・ベアにちなみます。カーモード・ベアは本来黒いクマですが、希少な劣性遺伝子を持ち、毛が真っ白になることがあるのです。森は現在厳しい環境規制を受け、ヘイルツク族と世界に、慎重ながらも楽観的になれる根拠を与えています。

p.34 ウィストマンズ・ウッド国立自然保護区。
イングランド、デヴォン州。

Coconut
ココヤシ
Cocos nucifera

まさに楽園の無人島のシンボルとなっているココヤシは、
ほぼ世界中の熱帯の島々に見られます。
ヤシの実に長い距離を漂っていく能力があるお蔭です。

ココヤシはおそらく生物地理区上の東洋区原産で、広まった先のどこででも大切にされてきました。大きな葉は屋根を葺くのによく、ヤマアラシのトゲのような剛毛の生えた幹は家具になり、丈夫で風雨に耐える繊維を縛ればカヌーができました。しかし、多くの文化でココヤシが聖なる木とされたのは、甘く、ジューシーで、脂肪分の多い果実、ココナツのためです。実の殻までも役に立ち、器や太鼓やおもちゃや道具が作られる他、ハワイの伝統的なアロハシャツのボタンにもなりました。

ココナツは南インドやスリランカの寺院では一般的な供え物で、燃やしたり両手で地面に打ち付けたりして献げます。ココナツは元々、残酷な女神カリーへの人身御供の代わりとして取り入れられました。形が少し人間の頭に似ているためです。パルシー（インドに住むゾロアスター教徒）の人々は新婚家庭を訪問すると、玄関の敷居でココナツを割りますし、西インドでは荒れた海を静めるためにココナツを投げ込みます。フィジーでは、病人のそばでココナツを回して東を向いたら、病人は治ると言われます。

スリランカの伝説では、最初のココヤシは殺された怪物の頭から生えたとされています。同じような物語が太平洋の島々全域で語られ、その多くはポリネシアの女神ヒナと関わりがあります。ヒナは泳いでいるときに太ももを撫でたウナギに恋をするのですが、岸に上がるとそのウナギはハンサムなウナギの王、トゥナに変身しました。2人は幸せに暮らしますが、恐ろしい洪水が島（物語によって舞台は様々です）を襲います。トゥナはヒナに、自分の首を切り落として砂に埋めるように言います。ヒナが言われた通りにすると、水は引きました。そして埋めたところから緑の芽が伸び、大きく育って最初のココヤシになりました。その白くクリーミーな果実はテ・ロロ・オ・テ・トゥナ、「トゥナの脳みそ」と呼ばれるのです。

ハワイの人々にとって、ココヤシは通い路であり、人と神、天と地、生者と先祖を結ぶ架け橋です。このことは、ヒナの神話の後日譚からもわかります。ヒナの息子が故郷へ帰った父親のクーに会いたいと言った時、ヒナが大元の祖先であるニウ（＝ココヤシ）に繰り返し歌いかけると、新しい木が生えてきました。息子はその幹を登り、幹はどんどん伸びて、やがて撓るとタヒチに届いたのです。息子と父はココヤシの木に捧げ物をしました。すると海からウナギの姿をした先祖が現れ、捧げ物を受け取ったのでした。

p.37 アストロカリウム・ウルガレ（*Astrocaryum vulgare*）とココヤシ（*Cocos nucifera*）。
カール・フリードリッヒ・フィリップ・フォン・マルティウス『ヤシの博物誌』より、1839年。

ASTROCARYUM vulgare.　COCOS nucifera.

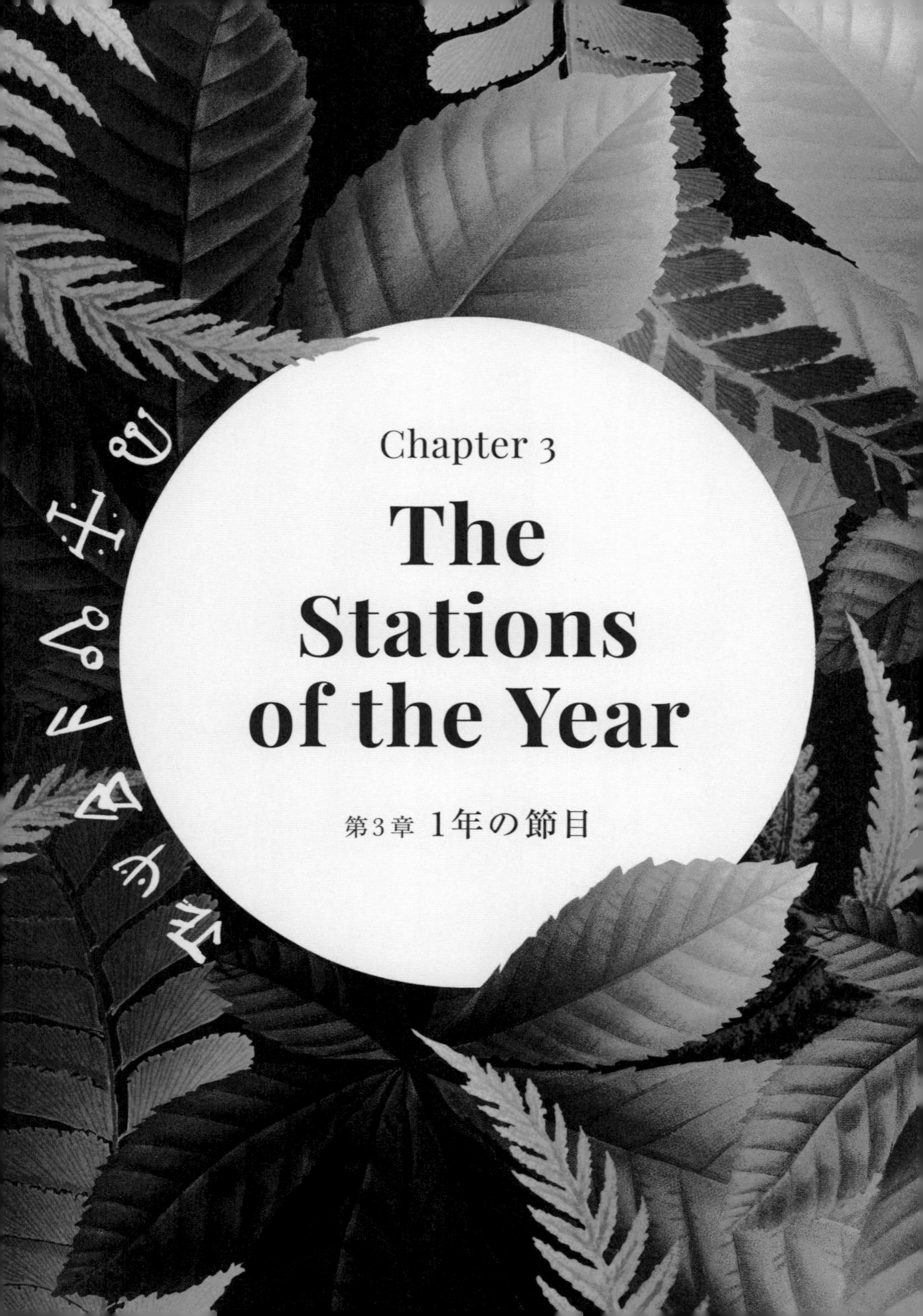

Chapter 3

The Stations of the Year

第3章 1年の節目

それぞれの季節を祝うことは、

温帯に住む人々にとって常に大切なことでした。

私たちの現代社会でもそうです。

世界が1年を巡るにつれ、今日のSNSのスレッドは

樹木の写真で埋め尽くされます。

花盛りの木、緑の葉に包まれた木、たわわに実をつけた木、

そして冬には雪と氷で輝く木。

こんな画像を投稿するのは、

現代の儀式と言えるかも知れません。

私たちの先祖が経験してきた通過儀礼を

反映しているのではないでしょうか。

自然の季節を意識することは、
誕生、成長、恋愛、結婚、子どもの誕生、老い、死など、
人生の大きな節目に感謝することです。

私たちが1年の節目と結びつける儀式の多くが、森や、私たちの人生を表す木々と密接に関連しているのは、全く偶然ではありません。

2月1日と2日のインボルクは、冬至と春分の中間を祝う古いケルトの祭りで、聖ブリギッドの祭日ですが、他の大きな祭日と同じく、後にキリスト教の教会に乗っ取られました。アイルランドの守護聖女、キルデアの聖ブリギッドは、土着の女神ブリギッドをキリスト教化した聖人だと考える人もいます。実際、この2人の祭日はいずれも2月1日なのです。そして2月2日は、教会で点すロウソクを祝福するキリスト教の聖燭祭（キャンドルマス）です。とにかく、名前が何だろうと、この時期は暗い冬を追い出す季節です。家にヒイラギの枝を飾りっぱなしにしている愚か者は、聖燭祭には片付けないと、家の中に悪い小人を招き入れることになるかも知れません。戸外では陽が伸び、春に最初につぼみをつけるカバノキ属（*Betula*）の木に芽吹きを促します。

春分と秋分は冬至と夏至の中間で、それぞれ1年の4分の1の節目です。春分には自然界は最も忙しくなり、動植物も人間も競ってその光と温かさを利用しようとします。土着の祭り、ベルタン祭は伝統的に5月1日にかがり火を焚き、夏の訪れを歓迎する祭りです。スコットランドでは、無病息災、厄除けの儀式として、農民がかがり火の周りを牛を追って回り、若者は火を飛び越えました。5月1日のメイ・デイも妖精が好む祭りです。人間がその前夜（メイ・イヴ）に他の木から外れてぽつんと生えたセイヨウサンザシの木を這って回ると、妖精の集会を目にする最大のチャンスだと言われたものでした。ただし、この行為は自己責任でした。こんな余計な詮索をすると妖精にどこかへ引きずって行かれるかも知れないことは、誰でも知っていたからです。普通のメイ・デイの祝い方は、メイポール（大昔に遡るらしい伝統の飾り柱）の周りでうんと踊るものでした。産業革命の時代には一時廃れましたが、19世紀末にはリボンや凝ったダンスを伴って再び盛んになり、型通りの動きは何世代もの学校の子どもたちが一生フォークダンスを嫌いになるきっかけとなったものです。

左 勝川春扇「三囲（みめぐり）の花見」、1805年。
p.41 勝川春山「花見図」より、1781年頃。

春山画

北半球では、夏は6月20日または21日の夏至に最高潮に達します。キリスト教暦では聖ヨハネ祭に当たります。ここから1年が後半にさしかかるのです。8月1日の収穫祭（ラマス）は収穫の季節の始まりです。労苦の時ですが豊穣の時でもあり、人々は秋よりも長い時間を畑で費やします。ラマスは伝統的な3種類の収穫の最初である穀物の収穫で、「ローフマス（ローフはパンの塊）」という名前がつき、さらにそれがなまってラマスになりました。2つ目の収穫は果樹園での果物で、通常は9月22日から24日に当たる秋分の日に行われます。3つ目は10月31日前後のサウィン祭で、ヘイゼルナッツやスローベリー、ニワトコの実、ダムスン（スモモの一種）など、屋敷林や生け垣の最後の恩恵を集める時です。こうして長く辛い労働の時が終わり、11月1日（万聖節）の前夜の頃に、収穫祭をして豊穣を喜び祝ったのです。

サウィン祭は最も重要な火の祭りでした。収穫の重労働の間、家庭の炉の火は消してもいいことになっていたので、人々はこの祭りの日、村落のたき火に集まりました。そしてしばしば、太陽や生命の循環のシンボルとして車輪が燃やされました。冬を乗り切れなさそうな牛が屠られ、宴会は長く賑やかに続きました。皆、冬の暗さをよく知っていたからです。

1年の大きな祭りの最後にも、人々は森へ入っていきました。ユールと呼ばれる冬至の間に燃やす大きな薪を探すためです。この時期は、まだ収穫した食料が残っていますし、短く寒い日中も、長くもっと寒い夜も、農民がするべき畑仕事はほとんどありません。ユール、そして後世のクリスマスには、人々は出歩いてもっと火を焚き、飲み食いして楽しむ時間がありました。それが暗い冬の間も心身を維持する方法だったからですが、人々は森を軽んじていいわけではないことも常に心に留めていたのです。

クリスマスのお化けや魔物の多くは森に住んでいました。オーストリアのクランプスはヤギの姿の悪魔で、袋と鳥を捕るもち竿を持って森の暗がりから現れ、いたずらな子どもを探します。ギリシャのカリカンジャロスは意地の悪い小人で、クリスマスの12日間（12月25日のクリスマスから1月6日の公現祭・顕現日まで）の間に生まれた子どもをさらうため、生命の木を鋸で挽き倒してしまいます。また、アルプスの魔女ペルヒタは美しい女神か二目と見られぬ醜女かのどちらかの姿で現

れ、人間の腹を切り裂いて内臓を取り出すと石を詰めてしまいます。アイスランドはたくさんの精霊がいるところで、邪悪なクリスマスのネコ、ヨウラコフトリンや、かつて恐れられたヨウラスヴェイラルニシュ（ユールラッズ。アイスランドのサンタクロースに当たる妖精）などもいますが、今では単なるアドヴェント（クリスマス前の4週間）のいたずら者に格下げされてしまいました。

こういった魔物すべてに共通点があります。どれも1年で最も暗い冬の夜に森から現れるのです。人間は気をつけなければなりません。

上 フランシス・ヘイマン画「メイポールの周りのダンス」、1741年頃。

Larch
カラマツ属の木
Larix

大プリニウスはローマ最大の木はカラマツだったと記していますが、
これは随分珍しいことです。野生では、
カラマツは他の針葉樹が育ちにくい岩山の斜面に生えるからです。

カラマツの仲間は針葉樹ですが、秋には葉を落とします。そのふんわりした樹形は毎春萌え出す緑の針葉が束になって生えるためで、薄紅色の雌花の芽鱗（がりん）がややずれて枝につきます。その後、この「カラマツのバラの花」は黒ずんで固い松かさになり、針葉の灰緑色に映えて、また別の美しさを醸し出します。

アルプスのチロル地方では、ヨーロッパカラマツ（*Larix decidua*）は長い間聖なる木と考えられてきました。サーリゲ・フラウ（「聖女」の意味）という白い服の森の精がヨーロッパカラマツの木で歌っていると言います。彼女は根に住み、人間を助けてくれるので、裁判は彼女の住む木の影の中で行われました。また、人々は彼女に捧げ物をし、木の近くで言い争ったり誓いを立てたりするのは禁じられました。木を傷つけた者は、その傷が治るまで自分が痛い思いをしました。ロシアとウクライナでは、ハンティ族の人々はこの木の股になったところに捧げ物をしました。一方、イングランドのヨークシャーの風習はちょっとショッキングかも知れません。村人は、カラマツの枝に子馬の後産を吊して、生まれた子馬の長寿を願ったのです。

カラマツ属の木は火に強いようです。プリニウスは、薪としてひどく炭にもならないと書きましたが、他のことには非常に重宝でした。火に強く耐水性もあるため、ローマではカラマツで船や橋を造りました。何とかして火をつけることができたなら、ヘビ避けになり、魔女を追い払うとも考えられました。ポーランドの人々は、魔女が踊り回るというワルプルギスの夜（メイ・イヴ、4月30日）の前日には、家のドアと窓をカラマツの枝で塞ぎました。スラヴ系の人々は子どもたちにカラマツのお守りを作り、悪霊の目から守りました。シベリアのツングース族の人々は、カラマツの幹をくり抜いて儀式用の太鼓にしましたし、北米先住民のアルゴンキンの人々はアメリカカラマツ（*Larix laricina*）でかんじきを作ったのでした。

魔女はカラマツを恐れるとされたのに、どういうわけか、カラマツの樹脂とトカゲの血と毒蛇の皮と不死鳥の羽と火竜のうろこを混ぜて、近所の住民を呪うとも考えられていました。しかし、普通の民衆はもっと現実的です。プリニウスは、カラマツの樹液は歯痛に効くと書きました。この伝統は中世まで受け継がれ、抜いた歯はそれ以上の虫歯を防ぐため、カラマツの幹に打ち込んでいました。フランスの山岳民はガムのようにこの木を噛み、歯固めにしたものです。カラマツの葉は奇妙な白く甘い物質を分泌することがあり、そのためカラマツについた最も古いニックネームは「偽のマナ」でした。旧約聖書で荒野をさすらうイスラエルの民に神が与えた、謎の食べ物マナにちなんだのです。

p.45 カラマツ属の木（*Larix*）。
『ケーラーの薬用植物』より、1887年。

Coniferae.
A
B
1
2
3
4
5
6
7
8
9
10
11
12
13
14
15
16
W.Müller n.d.Nat.
Larix decidua Miller.

インボルクからベルタンへ

1年の最初の数ヶ月は、楽観と希望と新しい生命のことを語ります。
木々が目覚めると、仕事も祝い事もたくさんありました。

インボルク（2月1日・2日）は冬至と春分の中間の節目でした。今では2月2日の聖燭祭が最初の春の目覚めとされ、この頃木の芽が膨らみます。インボルクの木とされたのは、伝統的に乙女と結びついたヤナギ属の木（*Salix*）と、「促しの木」とも呼ばれたナナカマド属の木（*Sorbus*）などです。最初に春を告げる木であるカバノキ属のすぐ後に続くナナカマド属は、森の生命の芽吹きを表し、魔除けのために上着の襟にナナカマドの枝をつけたり、家や家畜小屋の周りに枝を吊したりしました。

5月1日のベルタン祭はインボルクより大きな民衆の祭りでした。若者は色めき、森は恋の戯れを隠せる状態です。ベルタン祭のたき火はコナラ属（*Quercus*）やカバノキ属（*Betula*）の木の薪に点火され、勇敢な若者がたき火を飛び越えました。ヘンリー8世が五月祭に出かけ、宮廷貴族と豪勢なパーティーを繰り広げる一方、庶民の間では村の広場にメイポール（5月柱）を立て、選ばれたメイ・クイーン（5月の女王）と、集めたばかりの木の葉に身を包んだ「ジャック・イン・ザ・グリーン（緑のジャック）」ことメイ・キング（5月の王）が、街を練り歩きました。

記録に残る最初のメイポールは1350年、ウェールズのジャニドロイスのものです。柱は伝統的にカバノキかトネリコかマツで作られ、笛や太鼓に合わせて柱の周りで踊りました。

しかし、メイ・デイにはメイ・イヴという闇の面があり、この時には魔女たちがあちこちに出てくると言われました。キリスト教の信者たちも、キリスト教の聖女ワルプルガの祭りだと言いつくろって、互いにいたずらをしたりお酒を飲んだり騒いだりしたのです。現代でも、ベルタン祭は楽しい異教的なお祭りで、異教由来の結婚式ハンドファスティングに人気の時期です。これは、新郎新婦が人生を共にすることの象徴に、2人の手を結び合わせる儀式です。

上 フランシス・ヘイマン画「メイポールの周りのダンス」、1741年頃。
p.47 チャールズ・ナイト『イングランド通俗史』より「シューターズ・ヒルの五月祭に出るヘンリー8世」、1857年。

Cherry
セイヨウミザクラ
Prunus avium

美しい桜の花ほど物語や慣習を呼び起こすものはありませんが、
なかでも日本の「花見」の伝統ほど有名なものはないでしょう。

テレビの天気予報が、桜前線の進み具合を図で解説します。神話の春の女神が北上しながら、眠っている木々を温かい吐息で目覚めさせるのです。日本の観賞用の桜の大半は1本のソメイヨシノ（*Prunus x yedoensis*）のクローンなので、同じ時期に一斉に咲くことが保証されていますが、1本1本の桜の木に多くの物語があり、その木の古さが尊ばれてきました。うば桜は育てていた子どものために我が身を捨てた乳母から名前をもらいましたし、十六桜（いざよいざくら）は木を守って命を犠牲にした武士のために、毎年旧暦1月16日に咲くのです。

日本人は一張羅を着て桜の下で宴会をしました。そして日本の国花、桜は再生のシンボルとなり、その花は人生の短さを表すようになりました。一方、中国の神話は桜を不死と見なし、桜の花びらの寝床で不死鳥が眠ると伝えてきたのです。

日本の華道では桜の枝を全部使います。花も葉も枝も等しく大切と考えるためですが、チェコでは12月4日の聖バルバラ祭に裸の桜の枝を取ってきて、眠っているつぼみがクリスマスに花開くようにします。

ヨーロッパのキリスト教の伝説では、身ごもっていた聖母マリアが夫のヨセフにサクランボを取って欲しいと頼んだところ、お腹の子の父親に頼まなければと言われました。すると、聖母の胎内のイエスが桜に枝を下げるよう言ったので、ヨセフは不信仰を恥じたという話があります。

ニューヨークのブロードウェイには、酒場の店主ヘンドリック・ブレヴールトのお蔭で有名な急カーブがあります。彼は夕暮れに自分が植えた桜の木の下に座るのが好きでした。それで、桜の根の上を道路が通ることを拒否したのです。市の役人たちは、道路に桜の木を迂回させるしかありませんでした。

サクランボの種は占いに使われることがあり、サクランボのジュースは長い間強壮剤として広く用いられました。最近の研究で、サクランボを大量に摂取すると血中の尿酸値が下がることがわかり、通風の民間療法に使われたのには根拠があったと判明しました。桜の樹皮はクリーム色や茶色の染料に、根は赤紫の染料になります。

桜の木は硬く、木目が密です。スコットランドではバグパイプに用いられました。そして、桜の木の幹によく見られる変わった形のこぶはくり抜いて、歓迎ともてなしのシンボル、両手付きカップ「クウェイヒ」になりました。エゾノウワミズザクラ（*Prunus padus*）はしばしば魔女の木とされ、ハグベリー（魔女のベリー）という別名があります。

p.48 セイヨウミザクラ（*Prunus avium*）。
『ベルギーの園芸』より、1853年。

Hawthorn
サンザシ属
Crataegus

「メイが過ぎるまで冬服は脱ぐな」ということわざは、夏が来るまで暖かい服装でいるよう教えています。1752年まで、メイは5月という月なのか、メイと呼ばれたサンザシの花なのか分かりませんでした。

サンザシ属は英語でホーソーンといい、これは古英語で「生け垣のイバラ」を指すhagedornから来ていますが、サンザシには多くの名前があります。根付くのが速いため、生け垣の基礎によく使われました。このため、よくクイックソーン（素早いサンザシ）とも呼ばれます。1752年に暦がユリウス暦からグレゴリオ暦に変わるまで、この木は5月1日頃に花が咲きました。この日がサンザシを家に持ち込んでも不幸にならない唯一の日だったのです。五月祭には、若者が新緑の田園地帯に行き、この「5月の木」の花を摘んだり、いたずらをしたり、ちょっとした野外の情事にふけったりするのが恒例でした。

ヘンリー8世は五月祭に行くのを好んだので、廷臣たちが道中のサプライズを用意しました。ある年には、ヘンリー8世はロビン・フッドに会いました。またある年の五月祭の朝には、自身がロビン・フッドの扮装をし、11人の荒くれの手下を連れて、王妃キャサリンの部屋に突然入っていったこともありました。

こんなお楽しみや遊びもありましたが、サンザシは精霊や妖精の木です。妖精は野原の真ん中にぽつんと立つサンザシで見かけることが最も多かったからです。そんなサンザシを切る農夫は愚か者でした。その木のある草原で家畜を飼い、家畜小屋の外にサンザシの枝を吊す方がずっといいのです。そうすれば妖精が牛を守ってくれることになっていたのですから。クリーヴランドでは、牛の後産をサンザシの木にかけ、生まれた子牛に健康を移そうとしました。

1980年代のイギリス民俗学会の調査で、サンザシがイギリスで最も縁起の悪い植物とされていることがわかりました。家に枝を持ち込むと事故が起こると言われ、「母親殺し」の別名もあったのです。サンザシは「目印の木」になり、洗礼前に死んだ子の埋葬場所や、十字路、墓室、泉、井戸などを示しました。また、サンザシの実を食べると嘘つきの口になると言われました。嘘つきの歯の黒い虫食い個所を数えると、いくつ嘘をついたかわかると言われたものです。

サンザシが不吉とされたのは、キリストの茨の冠の候補の1つだったせいかも知れません。伝説によると、シャルルマーニュ大帝が聖遺物から生えたサンザシの前に跪くと、枝から花が咲き、辺りに香りが満ちたと言いますが、それはいい匂いだったのでしょうか? サンザシの花は死のにおいがすると言われています。科学で民話に真実を告げるなら、サンザシのにおいの素はトリメチルアミン。腐敗した体組織にも含まれる物質なのです。

p.51 ゲオルク・クリスティアン・エーダー『デンマーク植物誌』より、ヒトシベサンザシ（イケガキセイヨウサンザシ、*Crataegusmonogyna*）、1794～9年。

夏至・冬至と森

有史以前の遺跡は、
私たちの先祖が1年で最も昼の長い日と短い日に
どう過ごしていたかを教えてくれます。
夏至と冬至の日の出、日没はいつも魔法の時でした。

最もよく知られているのは、ソールズベリー平原にあるストーンヘンジが、夏至には日の出、冬至には日没の目印になることです。しかし、わずか3kmちょっと先にも、有史以前の世界が自然と森を信頼していたことを示すモニュメントがあります。木の柱が同心の楕円を6つ描く新石器時代の遺跡、ウッドヘンジは、夏至の日の出の向きに沿った土手や溝に囲まれています。さらに数km先の、木製ヘンジのあるダーリントン・ウォールズは、考古学調査で冬至の向きに建っていることがわかりました。

英語で「至」を表すソルスティス（solstice）は、ラテン語のsol（太陽）とsistere（停止）から来ており、太陽が天で達する最高点と最低点の2つを言います。これにより、通常6月22日と12月22日にそれぞれ昼が最も長く、または短くなります。伝統的に多くの点で、冬至は祝うべき大きな理由がありました。人々は、この瞬間から日が伸び始め、暖かさと再生をもたらすことを知っていたからです。夏至も同様に不思議な日でしたが、この日が最高潮ということは、以後は昼が徐々に短くなり、暗闇の訪れを告げるということでした。

ケルト由来らしいいくつかの伝承では、季節を統べる2人兄弟、オーク王とヒイラギ王の話があります。語り手によって違いますが、兄弟は2人同時に統治することができなかったので、一方が他方を打ち倒したり、一方が統治している間他方は単に眠っていたりします。その交代の時が「至」なのです。ただしほとんどの文化では、これらは区切りの時とされました。天の境界は、季節だけでなく世界も分けたようです。

夏至には、人間界と妖精界を分けるヴェールが特に薄くなると考えられました。妖精があちこちに現れるので、賢明な人は妖精の祭りには近づきません。賢明でない人は森へ入って妖精が見たい、できれば妖精に加わりたいという誘惑に抗えませんでしたが、注意深く敬意を表すようにしました。夏至の夜には妖精以外にもっと奇妙で邪悪な魔物を避けるだけでなく、愚かにも妖精の輪（菌輪）に足を踏み入れる、騙されて妖精の食べ物を食べるなどして、永遠に人間界に戻れなくならないよう、用心が大切でした。

本当に賢い人間は、ある種の「シダの種」で身を守ることもありました。シダ（Polypodiophyta）は胞子で繁殖しますが、昔の人はシダの花や種が見つからない理由を透明だからだと考え、その見えない種に触れている人は透明人間のように姿が見えなくなると想像しました。シェイクスピアでさえこの考えを妥当と考えて、「シダの種を手に入れたからには、歩いていても見えないさ」（ヘンリー4世、第1部）と書いたのです。人によっては、シダの種や花を見つけたら、森の鳥や獣の言葉がわかるようになり、隠された財宝を教えられて40人力になるとまで言うようになりました。

上 リービッヒの肉エキスの広告。古代ゲルマン人がベルタン祭のたき火の周りで踊っている。

下 リービッヒの肉エキスの広告。古代ゲルマン人が歌と宴会で冬至を祝っている。

この魔法の種は夏至前夜のごく短い間だけは目に見えるとされたので、白鑞（しろめ）の皿を12枚重ねるなど、ありとあらゆるシダの種集めの方法が考えられました。シダの種は魔法の青い花から取れ、最初の11枚の皿は貫通するけれども12枚目に溜まるというのです。正午に太陽を射るのも効果的とされ、命中すれば血のようにシダの種が湧き出すと信じられました。

スラヴの伝承では、シダの花はクパーラ祭（夏至）の夜にだけ咲くと言われました。未婚の女性は花綱飾りをつけて森へ行き、この見えない草を探します。それを若者が追いかけましたが、彼らの方のお目当てはシダの花ではなかったのかも知れません。スウェーデンでは、夏至は今でも暦の上で最も大切な祭日の1つです。都会の住民も森へ行き、花綱を飾り、花を摘み、踊ったり宴会をしたりします。音楽を奏で、楽しんで、一夜の恋にふけるのです。

一方、冬至は正反対の出来事ですが、それは気温の違いのためだけではありません。夏至と冬至で対照的なのは火です。夏の火は清めとして焚かれ、辺りをうろつく悪霊を追い払うためのものです。冬至の火は、新たに生まれ変わった太陽のシンボルで、太陽を勢いづけるためのものでした。火はまた、異教の伝統とキリスト教の伝統に橋を架けるものでもありました。夏至には、イギリスの農民はセント・ジョンズ・ワートなどオトギリソウ属（*Hypericum*）の草の束を吊しました。「聖なる煙」で家や家畜小屋や搾乳所や、時には牛の首も燻して、悪霊を追い払ったのです。

上 19世紀初め、ドイツのシュヴァーベン地方の火祭りの版画。
p.55 1年で最も長い夜を祝うランタンと光で飾られた中国の庭園。

スカンジナビアでサーミ族の人々が暮らす北極圏は非常に緯度が高いので、冬至には太陽が地平線から昇ることすらありません。このため、彼らは太陽の女神バイウェにトナカイの馬車で森へ来て、緑を蘇らせて欲しいと願い、犠牲を捧げたり、女神とトナカイが天を翔る力をつけてもらうため、戸口にバターを塗ったりします。また、ヴァイキングのユールという冬至の祭りの間、北欧の女神フリッグは紡ぎ車の前に座り、翌年の運命を紡ぐと言われました。

中国では、冬至は1年で最も大切な祭りの1つです。冬至の後の最初の新月に、果樹の枝を切って占いの儀式を行うのです。北部では人々は今も「数九」を数えます。「九九歌」と呼ばれる古い民謡で、冬至のあと、9日の昼を9回繰り返すと春になると説かれているからです。

Sycamore
Acer.
pseudo-platanus
Aug 17. 1887.

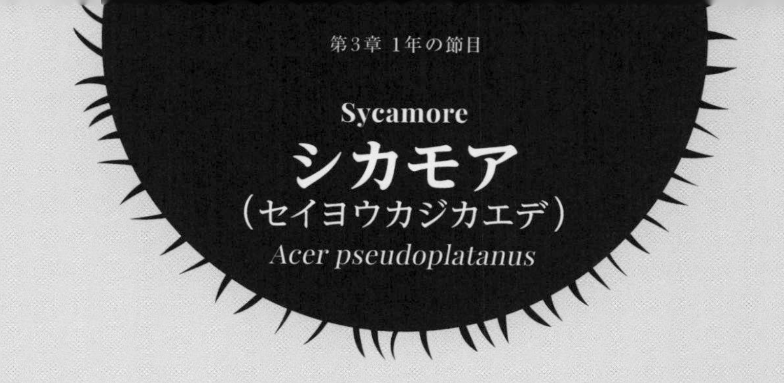

Sycamore
シカモア
（セイヨウカジカエデ）
Acer pseudoplatanus

園芸においてラテン語の学名が便利な理由の1つは、一般の植物名が時に紛らわしいからです。シカモアの場合、様々な物語や慣習で言う「シカモア」がどれなのか、よくわからないことがあります。

聖書の物語で、エリコの徴税人だったザアカイが、イエス・キリストの説教を聞きたいあまりシカモアの木に登ったことから、シカモアは好奇心のシンボルになりました。このときの木はおそらくエジプトイチジク（*Ficus sycomorus*）で、シカモア（*Acer pseudoplatanus*）ではなかったでしょう。イギリスでは、1830年代に賃金に不満な農場労働者たちが、シカモアの木の下に隠れて誓いを立てたことが有名です。この労働争議で「トルパドルの殉教者たち」と呼ばれた6人はオーストラリア流刑となり、リーダーのジョージ・ラヴレスは故郷を思い出すよすがにシカモアの葉を携えたと言われます。

混乱の原因は、ヨーロッパ各国語でシカモアを指す言葉が、葉の形の似たイチジクを指すギリシャ語のsykonに由来するためでしょうが、学名*pseudoplatanus*も混乱解決の役には立ちません。これは「偽プラタナス」の意味だからです。

日記文学者のジョン・イーヴリンはシカモアが好きではありませんでした。落ち葉が滑りやすいためです。今日では、森全体を乗っ取ってしまう侵略的植物との汚名も得てしまいましたが、1本だけ見ると、オークやブナやクリと同じくらい堂々とした木です。

プリニウスは、シカモアの根が肝臓の「無力状態」の治療によいと述べました。また、シカモア材は丈夫で軽いため、ローマの槍の柄にうってつけでした。後にはアングロサクソン人がシカモアで竪琴の枠を作りましたし、今でもヴァイオリンやピアノに使われます。

ハンガリーには、2人の姉とイチゴ摘みに行った王女の物語があります。姉たちは嫉妬深く、機会を捉えて王女を殺してしまいました。2人は王女を「カエデの木」（おそらくシカモア）の下に埋めてから、王女のイチゴを分け合い、王に王女が鹿に殺されてしまったと言いました。王は悲嘆に暮れましたが、羊飼いも同じでした。笛の上手な羊飼いは王女と密かに愛し合っていたのです。ある日、羊飼いがその木を通りかかると若枝が生えていたので、その枝で新しい笛を作って王のために吹きました。すると笛は、王女の声で、殺されたことを歌って聞かせたのです。姉たちは城を追い出されました。羊飼いは笛を吹いては王女の声を聞き、心を慰めたのだそうです。

シカモアを指す古英語、*mapeltrēow*を最初に記録したのは、ジェフリー・チョーサーでした。カエデ属を指すmapleという部分は、昔スコットランドの子どもたちが甘い樹液を飲んだとされる木の名に見ることができます。他にスコットランドの古い名前にはdrool（涎をたれる）やsorrow tree（悲しみの木）がありますが、これはシカモアの辛い歴史を語ります。1750年代まで、シカモアは絞首台にされる木だったのです。

p.56 シカモア（セイヨウカジカエデ、*Acer pseudoplatanus*）。メアリー・アン・ステビング画、1924年。キュー・コレクション。

ラマス祭とサウィン祭

ラマス祭とサウィン祭は3つの収穫祭のうちの2つで、
伝統的に豊穣の時でしたが、年が暮れ、
森が枯れていくのを告げる時でもありました。

しかしたまに、新たな芽生えがあります。「ラマス祭の若葉」とは、年によって木が出す鮮やかな緑の若枝を言いますが、これは病気や暑さのストレス、虫害、動物の食害への反応なのです。この状態はオーク、トネリコ、ブナ、シカモアなどの広葉樹や一部の針葉樹に広く見られ、木が身を守るために出す物質のせいで、この若枝はしばしば赤っぽくなります。ラマス祭に結びついた習慣は多々あるものの、樹木に関連するものはあまりありません。この季節は畑の季節で、森の季節ではないのです。

しかし、2番目の収穫祭は、昼と夜が等しくなる秋分と強く結びつき、人々は果物狩りに果樹園に向かいます。ここではリンゴが王様です。イギリス全土で祝われる多くの「アップル・デイ」は比較的新しいものですが、そのルーツは遠い昔にあります。古代ローマ人は、8月13日に果樹園の女神ポーモーナを祝っていました。現代のグレゴリオ暦ではこの日付には意味がありませんが、昔のユリウス暦ではポーモーナ祭はもっと遅く、リンゴの季節の初めだったのです。アップルサイダー、アップルパイ、アップル・ボビング（バケツの水に浮かせたリンゴを口だけで取る遊び）、そしてリンゴの種や芯や皮の占いなどは全部、この日のお楽しみでした。

スコット（仮庵祭）というユダヤ教の祭りは、1週間にわたる楽しい収穫祭で、スカーというテントのような仮庵を建てて祝います。スカーの屋根は竹や松やヤシなど未加工の枝で葺くのが一般的でした。儀式の一環として、4種類の木を運んできました。エトログ（シトロン、*Citrus*）、ハダッシム（ギンバイカの茂った枝、*Myrtus*）、ルラヴ（ナツメヤシの葉、Arecaceae）、アラヴォト（ヤナギの枝、Salix）です。

ケルトのサウィン祭は年末の象徴どころか新年の準備と見なされ、人々はカバの枝の束で家を清めたり、過ぎた季節の精霊を掃き出して、来るべき新たなものに備えました。

この祭りに結びついた木は2種類あります。ニワトコ属（*Sambucus*）は老婆の木で、3人の女神の3番目の化身です（他の2人は春の乙女と夏の奥方）。イチイは死と再生のシンボルで、年老いて洞（うろ）ができても常緑です。そのメッセージは明らかでポジティブなもの。その1年は死んでも生命は続くのです。

p.59　J.コップランド画「魔女の飛行」。J.マックスウェル・ウッド『スコットランド南西部の魔法と迷信の記録』より、1911年。
p.60　ジョージ・クルックシャンク画「狩人ハーンのオーク」、1857年頃。人間が森で妖精に罰を受けている。

Elder
セイヨウニワトコ
Sambucus nigra

ヨーロッパで最も古い魔女の1人にはたくさんの名前があります。
フラウ・ホレ、ホルデ、ホルダ、ペルヒータ、フラウ・ガウデン、ヒルデ＝メーア…。
どう呼ぼうと、小妖精エルフたちの母やその木を侮ってはいけません。

ヒルデはセイヨウニワトコを非常に大切にし、彼女自身がこの木に変身したことも多々ありますし、デンマークではその根元に住むとされます。しかし、どの木が女神なのかわかりませんから、セイヨウニワトコには敬意を示すことが肝要なのです。

自生したセイヨウニワトコは縁起がいいものです。ヒルデがそこに住むことを選んだのですから。水分の多い湿地を好むため、屋外便所のそばに植えることがよくありました。そこなら湿って肥えた土で元気に育つからです。ニワトコは家主への恩返しに、葉に含まれる天然の殺虫成分でハエを遠ざけてくれました。また、悪魔を追い払うために製パン室の脇に植えることもありました。

しかし、キリスト教が異教の古い神々を抑圧し、ヒルデは「邪悪」と宣言されました。また、ユダがキリストを裏切った後首を吊ったのは、ニワトコだと言われました。さらに、キリストが架けられた十字架はニワトコ製で、後に木がそのことを恥じてうなだれ、丈が縮んだ上に実も呪いで縮んで小さなベリーになり、花は死体の腐敗臭がするようになりました。13世紀、聖人の伝説をまとめた有名な聖人伝集『黄金伝説』は、ニワトコを「死の木」と呼び、罪人を絞首刑にする以外使い道がないと書きました。ニワトコを燃やすと「つばを吐いて叫ぶ」とされ（幹が中空で樹液の滴をまき散らすため）、おのずと、暖炉の火床にこの木を置くと悪魔が煙突を下りてくると忌まれるようになったのです。

それでも、真っ当な人はずっとセイヨウニワトコが大好きでした。旅人はこの木の小枝を身につけて追い剥ぎ避けにし、農民はこの木の十字架を牛小屋にかけて牛を守りました。セイヨウニワトコのお守りは麦角中毒を防ぎ、船乗りの家族は庭先のニワトコを気にかけました。木が茂り花が咲いている限り、息子たちが元気なしるしだったからです。セイヨウニワトコはヘビを避け、毒を消し、いぼを封じ、熱を下げ、歯痛を治すとされました。セイヨウニワトコの世話をする者は、確実に自宅で死ねるとも言われました。チロル地方では、この木の十字架を愛する者の墓に置きました。その十字架から花が咲けば、死者が祝福されたということです。

こういった効き目には敬意が求められます。何より、切る前に許しを請うのは欠かせないことでした。セイヨウニワトコを切りたい者は、なぜそれが必要か説明し、気の同意を待たねばなりませんでした（同意は普通沈黙で示されました）。子どもたちは、花や実を摘むのにも、丁寧に木に頼むよう教えられました。その丁寧さと引き換えに、有用な材木や食べ物や薬を得たのです。敬意を欠けばその罰に不幸が続きました。なぜそんな危険を冒す必要があるでしょう？

p.63 セイヨウニワトコ（*Sambucus nigra*）。F. G. ハイネ『薬学汎用植物精密図説』より、1816年。

F. Guimpel fec.

Sambucus nigra.

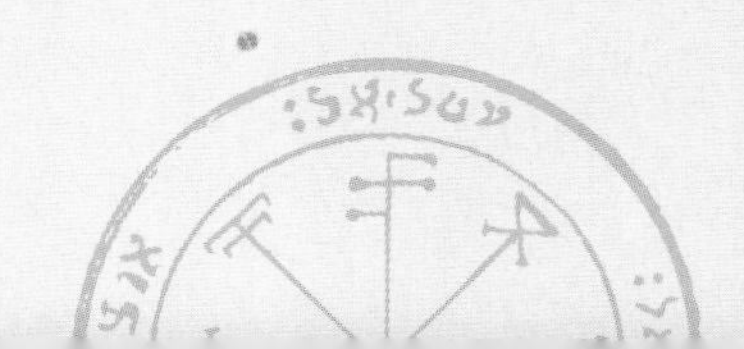

Christmas Tree
クリスマス・ツリー

北欧とスカンジナビアは冬の伝説や装飾や慣習の宝庫です。ある1つの伝統は世界に広まり、12月の祝祭のシンボルとして、季節や信仰さえ超越することになりました。

クリスマス・ツリーにまつわる物語は本当にたくさんあります。それはもしかしたら、クリスマス・ツリーが長年にわたり、冬のお祭りであまりにも重要な役割を果たしてきたからかも知れません。よく知られたことですが、1848年、イギリスでクリスマス・ツリーを広めたのは、ヴィクトリア女王の夫君アルバート公です。しかし、それがイギリス王家初のクリスマス・ツリーだったわけではありません。ジョージ3世の王妃シャーロットはメクレンブルク・シュトレーリッツ公国（今のドイツの一地方）育ちで、母国を恋しがり、イチイの枝を飾りました。最初は枝だけでしたが、1800年に木全体を室内に持ち込み、それがイギリスの上流階級に大流行したのです。

遡って350年、ローマ教皇ユリウス1世が12月25日をクリスマスと定めましたが、多くの人はまだ荘厳ミサに出席するよりも冬至を祝って飾り付けをする方を好みました。575年、これに苛立ったブラガ（現ポルトガル）のマルチヌス枢機卿は、家庭内に植物を飾ることを違法とします。それでも、ご想像通り、たいていの人は彼を無視しました。

こうなると教会は、古い異教の信仰をより悪魔的で、人身御供（ひとみごくう）を示唆するほどのものに格下げしなければならなくなります。古伝は、750年代半ばに教皇グレゴリウス2世に派遣された聖ボニファティウスが、ヘッセン、チューリンゲン、ヴェストファリア、ザクセンなど、いずれも現在のドイツに当たる地方で異教徒を改宗させたと伝えます。彼はオークの巨木を拝んでトール神に犠牲を捧げようとしていた異教徒たちに脅されながらも、斧を取って巨木を切り倒しました。その時、巨木の陰にあったモミの幼木に気づきます。倒れたオークに傷められることなくすっくと立っていたモミの木を、聖ボニファティウスはキリストのような聖なる木と宣言したのでした。

また別の伝説では、宗教改革者のマルティン・ルターが、クリスマス・イヴに枝の間から見えた星々のきらめきを真似て、子どもたちのために小さなモミの木を持ち帰り、ロウソクで飾ったとも言われます。ただし、文献に残る最初のクリスマス・ツリーは1605年のストラスブールの文書のもので、人々がモミの木を居間に持ち込んで、造花やリンゴやお菓子で飾ると書かれています。

イギリスに話を戻すと、アルバート公のクリスマス・ツリーは絵入り新聞の「イラストレイテッド・ロンドン・ニュース」を大いに喜ばせましたが、妻を驚かせることはできませんでした。1833年、当時王女だった14才のヴィクトリアは、既に同じよ

p.64 ワシントンDCのクリスマス・ツリー、2020年の夜。

うなツリーを見て日記に書いていたのです。それはロウソクを点し、アーモンドやレーズンやロウ製人形を飾ったものでした。メクレンブルク・シュトレーリッツ公女でフランス王太子妃だったヘレーネが、1830年代末にパリにクリスマス・ツリーを伝え、早くもアメリカの独立戦争の折に、ヘッセンの傭兵がクリスマスのモミの木をアメリカにもたらしています。1848年にイギリス全体が夢見たのは、王家全員がツリーを楽しむイメージでした。こうして突然、誰もが王家のようなクリスマスをしたがるようになったのです。この熱狂はヨーロッパと同じ頃にアメリカに及び、1851年にはニューヨークでクリスマス・ツリーが最初に商業販売されました。そして1856年、この考えは大統領の賛同も得て、ホワイトハウスにツリーが立てられたのです。

初期のクリスマス・ツリーの飾りはナッツや果物、ビスケット、リボンなどでしたが、1850年頃、チャールズ・ディケンズが、人形や「本物の腕時計」、キャンディをいっぱいにつけ、面白い人型で飾られたツリーのことを書いています。山あいのチューリンゲン地方で1597年に創業したラウシャ社のガラス製品は、義眼と玉飾りの2つが特に有名でした。最初のガラス飾りは貧しいガラス職人が作ったものです。彼は自分の子どものツリーに飾るリンゴを買ってやることができず、自分で作ったのでした。少なくとも、1879年以降、F. W. ウールワースが何千ものガラス玉飾りを輸入し始めてから、アメリカの顧客に語って聞かせた話ではそうなっていましたが、実際には、創業時のラウシャ社ガラス工場主の子孫であるハンス・グライナーが、1847年に製法を編み出したのです。吹きガラスと華やかな型を独自の方法で組み合わせて、虹色に輝くすばらしい形を作り出し、クリスマス好きを虜にしたのでした。ウールワースは毎年ドイツに買い付けに行き、様々な飾りの背後にある「物語」を含めたセールス・テクニックと併せて、何百万ドルというクリスマス産業を動かすことになったのです。装飾品業界が1867年におもりを、1879年にバネ式クリップを発明するまで、ロウソクは針金で枝にくくりつけられていました。1880年代に電飾が導入されると、ツリーはいっそう明るくなります。

クリスマス・ツリー用に定められた樹木の種類はありません。ベイマツ（*Pseudotsuga menziesii*）、フラセリーモミ（*Abies fraseri*）、コーカサスモミ（*Abies nordmanniana*）、オウシュウトウヒ（*Picea abies*）などはすべてよく売られているクリスマス・ツリーですが、必ずしもマツやトウヒやモミとも限らないのです。中には、12枚の葉が十二使徒の象徴だとして、最初期のツリーはシュロだったと考える人もいます。

その形がどんな風であれ、クリスマス・ツリーは家庭でも地域社会でも大変愛されています。国と国との毎年の贈り物になっているものもあります。たとえば、ロンドンのトラファルガー広場のツリーは、第2次世界大戦時に助けたことへの感謝として、ノルウェー国民からイギリス国民に贈られる木です。また、ニューヨークのロックフェラー・センターのツリーは、世界恐慌時にアメリカで雇用を喜んだ建設業の労働者が1931年に最初に立てました。その他のツリーも本当にすばらしいものです。どんな物語があろうと、クリスマス・ツリーはすべて、世界中の多くの地域で、1年のうちで暗闇に閉ざされる季節に喜びをもたらすものなのです。

p.67 ヴィクトリア女王、アルバート公と子どもたちが、ウィンザー城のクリスマス・ツリーを囲む。1848年。

グリーン・マン

建物の持送り、屋根ボス、教会の会衆席、
聖職者席の身体支えなどに彫られた、頭から葉の生えたグロテスクな姿は、
1939年にレディ・ラグランが呼びやすく「グリーン・マン」と名付けただけの
ものですが、この形は最初期の教会に遡ります。

茂った葉の間から顔を覗かせ、あるいは葉で顔のできた異形の者の図像は、異教やキリスト教の信仰以前からあるようです。

グリーン・マン（稀にグリーン・ウーマン）は様々な形で見られます。最初期の姿は中世のローマの墓につけられたもので、そのスタイルが、ビザンチンのモザイクを含む初期キリスト教建築に取り入れられました。これら奇怪な顔の歴史は、スペインのサンチャゴ・デ・コンポステーラからフランスを経てイギリスに至る巡礼の道に沿って辿ることができます。これらの顔は木製または石製で、髪やひげは葉、口からも葉の出ている者もあります。若者や老人、あるいはその両方を組み合わせた姿もあり、生命の循環や季節の巡りを表したのかも知れません。

グリーン・マンは同一の教会で生まれ、成長していくこともありました。スコットランドの謎めいたロスリン・チャペルがその例です。作家のマーク・オックスブローとイアン・ロバートソンは、ロスリン・チャペルのグリーン・マンの顔は、時計回りに老けていくことに気づきました。日の昇る東側の最初の顔は若々しい少年なのに、日の沈む北側では骸骨のようになって終わるのです。とは言え、伝えられてきたグリーン・マンの真の居場所は教会の外にありました。ロスリン・チャペルの場合、古代のロスリン峡谷の緑濃い森の中です。ここでは、多くの北欧の落葉樹林と同じく、空気は魔法を濃く漂わせているように感じられます。誰かの視線を感じる人もいるでしょう。

トーマス・ザ・ライマー（詩人トーマス）はグリーン・マンではありませんが、スコットランドの伝承では、彼は妖精国の女王と7年一緒に過ごします。彼がエイルドンの木の下で女王と出会った時、女王は全身緑のドレスを着ていたそうですが、これは珍しいグリーン・ウーマンの例です。また、いくつかのフランスの伝承では、悪魔は狩人の着る緑の服を着ていました。これは、悪魔が時には単なる戯れに、人間の魂を追いかけ回して地獄に引きずり込むことを示すのでしょう。緑は狩人がカモフラージュのために身につける色で、最も有名な伝説の森の狩人はバークシャー州のウィンザー・グレート・パークに住んでいます。鹿のような角の生えた幽霊、狩人ハーンは、自分が首をくくったオークの木の下でこの場所を呪っているというのです。この物語は少なくとも1597年まで遡ります。ハーンがシェイクスピアの『ウィンザーの陽気な女房たち』で重要な役になっているからですが、もっと古い物語にも彼の影が見られます。様々な研究者が、ハーンを角のあるケルトの神ケルヌンノスや、北欧神話のオーディンがアングロサクソン人の神話に入ったウォータン、あるいはヘンリー８世時代に密漁で捉えられた実在の人物、リチャード・ホーンになぞらえてきました。

しばしばグリーン・マンと結びつけられるもう1人のハンターは、無法者のロビン・フッドです。この伝説の義賊がハリウッドに知られるまでにはしばらくかかりましたが、ロビン・フッドと彼の手下たちは好まれるようになって既に長く、鮮やかな緑の服を着て、金持ちから奪ったものを貧しい人に分け与えるのです。ロビン・フッドが最初に登

場したのは、大英博物館所蔵の1377年に書かれたスローン写本ですが、ごく初期の年代記作者たちもロビン・フッドが実際に誰なのか、それどころかロビン・フッドが本当にいたのか、はっきり知りませんでした。それでも、彼は最初から非常に人気のある人物で、イングランド中の戯曲やバラッド、地方の伝説に登場します。彼は森の男でしたから、当時嫌われていた権力者に対する反乱の根城に森を利用したのです。彼の最も有名な隠れ家は広大なシャーウッドの森、そして彼の最大の敵はノッティンガムの長官でした。しかし、ロビン・フッドがノッティンガムのあるイングランド中部に住んでいたとは限りませんし、彼1人がこの地方の民衆のヒーローというわけでもないのです。

アーサー王伝説中でも最も有名な物語の1つ、『サー・ガーウェインと緑の騎士』の作者は誰にもわかりませんが、おそらく14世紀末にイングランド中部で書かれたものでしょう。この物語で、キャメロット城のクリスマスの宴は怪しく恐ろしい巨人の到来で中断されます。緑の服をまとい、肌も髪もひげも緑の巨人は、片手には出迎えた番兵、もう一方の手には戦斧をつかんでいました。見知らぬ巨人は、その場にいた騎士たちに自分の首を打ち落としてみろと挑みます。ただし、1年と1日後、その騎士はグリーン・チャペルで同じやり方で首を落とすことという条件がついていました。サー・ガーウェインは戦斧を取ると、一撃で巨人の首をはねてしまいましたが、驚愕したことに、巨人は自分の首を拾って立ち去ったのです。サー・ガーウェインはこの奇妙な冒険を完遂するため、翌年1年がかりで森の中の謎のグリーン・チャペルを探し回るのでした。

もっと新しい民話は、グリーン・マンを新たに実体化し、解釈し直すために、こういった登場人物すべてと、他の何十もの要素を組み合わせました。いたずら者の妖精パック、古代エジプトの神オシリス、さらにはヒンドゥー教やジャイナ教や仏教の神、半人半蛇のナーガまで出てくることがあります。その中に、豊かな夏のオーク王と冬の野辺を統治するヒイラギ王がいます。こういった民話の人物は、しばしば新しい、また再話された慣習に登場します。たとえば、緑のジャックがそうで、ロチェスター、ヘイスティングズ、さらには南オーストラリアのマイラーなどでも、メイ・デイに現れて踊り回るそうです。また、ホーリー・マン(ヒイラギ男)は、シェイクスピアがロンドンのグローブ座で上演した『十二夜』に登場します。全身常緑の葉で覆われ、冬を酒盛りで過ごすのです。

上 『イングランドの王家と教会の秘宝』の木版画、1793年。神話上の毛深い野人。

Chapter 4

The Managed Forest

第4章 管理された森

歴史的に、

「森（forest）」という言葉は法律用語でした。

君主の狩り専用に民間の土地から区切られた土地のことで、

必ずしも森や林（woodland）でないこともあったのです。

痩せ地に育つ野草に覆われた荒野や

ただの空き地のこともありました。

勅令で「森」と宣言された田舎の広大な土地は、

庶民が開拓・耕作することも、

立ち入ることも違法でした。

だからと言って、誰もしなかったわけではありませんが。

英語のforest（森）はラテン語で「外側」を表す*foris*から来ています。
そこは立ち入り禁止の土地でした。
立ち入って逮捕された者は特別な森の法律を適用され、
慣習法の外に置かれることになりました。
こうして、侵入者は法律の外、アウトローとなったのです。

森が法的管理の対象であるという概念は、9世紀頃のシャルルマーニュ大帝の裁判所で、狩りの獲物を保護するために述べられたのが最初です。この考え方は、征服王ウィリアムとともにイングランドにやってきました。その後何代もの王がどんどん「勅令御料林」を占拠していったため、とうとう臣下の一団が反乱を起こしました。彼らは失地王ジョンにマグナカルタ（大憲章）に署名させましたが、これにより、王領として巻き上げられた多くの御料林が取り消されたのです。

1217年、マグナカルタの補遺文書である御料林憲章は、御料林に住む人々に一定の権利を認め、森林官裁判所も設立されました。これはわずかながら、ハンプシャー州のニュー・フォレストなどに現存しています。狩りの獲物（ヴェニスン）に対する犯罪と植生（ヴァート）に対する犯罪がありました。木の伐採や弓矢・槍の携帯、土地の囲い込み、鹿の窃盗などの犯罪で逮捕された者は、厳刑に処されました。1287年から1334年のシャーウッドの森の巡回裁判記録は、ヒュー・オブ・ウォートヘイル、ウィリアム・ハインド、クリフトンの教区司祭の元使用人ウィルコックなどの「アウトロー」の犯罪を載せています。残念ながらロビン・フッドはほぼ間違いなく伝説上の人物ですが、シャーウッドの森には本当に実在の逃亡犯、ロジャー・ゴッドバーグ（ゴッドバードとも）がいたのです。彼が犯したのは殺人、暴行、放火、富裕層からの掠奪などでしたが、ロビン・フッドのように盗んだものを貧民に与えたりはしませんでした。他方、ユースタス・ザ・モンクは、途方もな

い淫乱不潔な犯罪で公海とブーローニュの森を震え上がらせていましたが、ロビン・フッド劇に登場する民衆の人気者、フライアー・タックの候補としては疑わしいようです。

フリー・マンは制限付きながら一部の権利が認められている人のことでした。森の地面で豚にドングリなどを食べさせること、自家用の薪として小枝を集めること、泥炭を切り出すことなどです。しかし、徐々に法律は緩んでいきました。御料林への侵入への刑罰は、去勢か片方の手または目を取ることに減刑され、チューダー朝時代になると、森林法は特定の御料林にしか適用されなくなったのです。

ただしこれは、森がみんなのものになったということではありません。森は主に貴族によって引き続き所有されていました。貴族は森で狩りをするだけでなく、木々や様々な木製品がとても儲かることに気づいたのです。

組織的な林業は16世紀のドイツで始まりました。森の持続的な産出量を確保するため、いくつ

p.72 「豚の餌にするドングリの収穫」。メアリー女王の詩編より、1310年頃。
上　ベリー公の美しき時祷書より、エルマン・ド・ランブールの描いた細部。豚の群れがドングリを漁っている。1405年頃。

かの区域に分けて伐採をローテーションし、このやり方はすぐにヨーロッパ全域に広まったのです。様々な種類の樹木を植樹し、材木や木で作れる製品の種類に気を配っていました。たとえばオークなどのコナラ属（*Quercus*）は建材として理想的で、ニレ属（*Ulmus*）は腐食しにくいことから荷船や水道管にぴったりでした。

定期的に幹を切り戻すと（coppicing、フランス語で「切る」を意味する*couper*から）、管理人は木材を得て使うことができました。多くの広葉樹が持つ、倒れた後再生しようとする性質を利用したのです。切り株から若枝を伸ばさせると、森林官はかごや塀を作る細くてよくしなる枝を手に入れることができました。もう少し長く伸ばしたものは杭や柱にしました。こんな風に使わず、若枝が大きく育って建材に使えるようになるまで待つこともできました。

定期的に切り戻す森は、様々な目的のための様々な木が生えているのが普通でした。古くからの雑木林は不揃いで種類も様々でした。19世紀以降は何でもプランテーションのように均等均一にされてしまいますが。森林官は自然に育った木を1本か2本残しておき、身を隠す場所にしたり、定期的に刈り込んだ若枝が光に向かってまっすぐ伸びるようにしたりします。ヤナギ（*Salix*）は1年経つと伐採できることが多いですが、オークは何をするにも50年がかりでした。切り株は何世紀も前のものかも知れません。実際、同じ種の平均的な木よりずっと古く、苔や小型植物や昆虫やもっと大きな動物など、独自の小宇宙のような生態系を持っているのです。

一部の木は枝打ちをしました。定期的な切り戻しと似たテクニックで、幹を育て、枝を囓る動物が届かない高さまで伸ばして弱い若枝を守ってから、枝を払います。

他に森に結びつく民衆のヒーローと言えば、謎の一匹狼の炭焼きでしょう。炭は普通の薪よりずっと高温で燃えますが、作るには非常に手間暇がかかります。炭焼きは普通の民衆とは離れて、森の奥深くのテントや小屋に住み、木々の上から細く立ち上る煙がなければ人はその存在に気づきません。彼らの技は非常に高度に磨かれたものでした。外部には、彼らの技は秘密にされ、ほとんど錬金術のようでした。顔も衣服も火炉の世話ですすだらけ。多くの村人は、彼らが森で他にどんなことをしているのか、他のどんな連中と付き合っているのか訝しみました。中世の時代から炭焼きは排斥され、ウサギやキジやシカを罠でとると訴えられたり、酩酊や、時には殺人で訴えられたりしました。炭焼きはヘビをペットに飼うと言う人もいました。実際には、ヘビは炭焼きの暖かさによってくるだけで、追い払うと却って危険なのです。しかし、こういったあらゆる「疑わしい振る舞い」のお蔭で、炭焼きが最初に木炭の吸着性や浄化性を発見したのかも知れません。彼らは炭化した木片を鍋に入れ、それで肉を料理して煙のにおいや味を除いていたのですから。

枝打ちや定期伐採など古くからの林業の手法の多くは、今日、古い森を管理する環境上健全な方法として見直されつつあります。炭焼きすら戻ってきました。疲れ切った都会民が森に分け入り、夢に身を焼く代わりに炭を焼いているのです。

p.75 森で捕らえられる密猟者の木版画、1888年頃。

Spanish Chestnut
ヨーロッパグリ
Castanea sativa

いつの時代も、クリスマスの時期には
直火で炒ったものが思い起こされるヨーロッパグリ。
焦げた熱々の焼き栗の香りは、
冷めるのを待てずに指を火傷した記憶と並んで、なじみ深いものです。

古代、ヨーロッパグリはサルディアグリと呼ばれていました。現在のトルコの一地方に当たるリディアの首都、サルディスからついた名前です。しかし、学名はギリシャ中部テッサリアのカスタニスからつきました。テオプラストスは、神の住まうオリンポス山の斜面がクリの木に覆われ、非常に質が高いことからゼウスに捧げられていたと書いています。ギリシャ人はこの非常に役に立つ木を南欧と北アフリカに広め、それをローマ人が引き継いで、ヨーロッパ北部にまで広げました。長く黄色い猫毛の花はよく目立ち、いがも見た目はふわっとしていますが、騙されてはいけません。トゲは鋭いのです。

クリは定期的に幹を切り戻すとよく育ちます。切り株から伸びる若枝はまっすぐで頼もしく、長く丈夫です。クリ材を坑道などの杭、ブドウの支柱、格子などにするのは、腐食に強い性質のためです。余った木を炭焼き窯で焼くと極上の炭になりました。クリに含まれる高濃度のタンニン酸は皮革産業にとって重要でしたが、秘密の用途もありました。18世紀の密輸業者は、タンニンを含むクリの葉を刻んで、密輸された茶葉に混ぜものをしたのです。

しかし一般の人々にとっては、クリは何よりも食用でした。街で売っている黒く焦げたクリの詰まった紙袋、弾けないよう十字に切り込みを入れた殻、デンプンの豊かな挽き粉から、フランスのエレガントなマロングラッセまで、人々は何千年もの間、栄養豊富なクリの恩恵を受けてきたのです。

1911年、アメリカの作家チャールズ・リッピンコットは、9月9日の聖シモンの日にアメリカグリ（*Castanea dentata*）を食べ、11月11日の聖マルタンの日には貧しい人にクリを配ると書きました。初期の移民は北米先住民を真似て、クリの葉で、咳止め、ツタウルシのかぶれ用の湿布を作りました。また地方の人々はクリの葉を干してマットレスに詰めましたが、これは、寝ている人が動くとさらさら、ぱしゃぱしゃと音を立てる「喋るベッド」になってしまうそうです。

20世紀の初め、クリ胴枯病（*Endothia parasitica*）が蔓延し、北米とヨーロッパで甚大な被害を招きました。何年もかけて木の数は安定しましたが、状況は常にモニタリングされています。

ヨーロッパグリの葉はタンニンが多いため、煎じ汁は何世紀も民間薬として呼吸器疾患、咳、風邪、ぜんそくの治療に使われてきました。

p.77 ヨーロッパグリ（*Castanea sativa*）。
『ケーラーの薬用植物』より、1887年。

Cupuliferae
(Fageae)
1
2
3
4
5
9
A
8
7
6
Castanea vesea Gaertn.

T. 2 : N° 14.

ÆSCULUS hippocastanum — MARRONIER d'Inde. *pag. 54*

P. J. Redouté pinx. — *Mixelle l'ainé Sculp.*

Horse Chestnut
マロニエ
（セイヨウトチノキ）
Aesculus hippocastanum

マロニエはヨーロッパグリ（Castanea sativa）と
同じように愛され、葉や実はとてもよく似ていますが、
両者は何の関係もありません。
マロニエの実は食べられませんが、だからといって毎秋、
子どもたちが実を集めるのは止められないのです。

マロニエの実のいがは、クリのものと同じくトゲがあり、明るい緑で、踏むと大変なことになる小さな地雷です。中身の果実は、磨き上げたばかりのインドシュスボクの木肌のような光沢があります。大人でもポケットにこの実を詰めて帰りたい気持ちに抗うのは難しいでしょう。

マロニエの木は成熟すると巨木になり、高さは40m、寿命は300年ほどもあります。葉は、同一の葉柄から生えたぎざぎざの小葉が5〜7枚集まったものです。4月と5月に咲く花はよくロウソクに例えられ、色は白から赤です。マロニエの原産はバルカン半島で、16世紀末にトルコからヨーロッパにもたらされました。公園や村の広場で親しまれましたが、ほかの多くの大木の例に漏れず、市街地では人気が落ちてきました。庭は狭くなり、歩道に人が増えたからです。

マロニエ材は柔らかいので、彫刻に最適です。実は伝統的に馬の薬にされ、そのため英語でhorse chestnutというのですが、実から抽出できる化学物質のエスチンは、実際に打ち身や捻挫の抗炎症作用があります。実は長くシャンプーの添加剤とされ、ヴィクトリア時代の野心的な主婦は実で「デンプン粉」を作ろうと挑戦しました。実を粉に挽き、何時間も水にさらして苦みを取ったのです。また、昔ながらの民間の用途は、暗がりに置いてクモを追い払うというものでした。これに科学的な根拠はありませんが、トリテルペン・サポニンという化学物質を含むため、衣類の防虫剤にはなるかも知れません。

実を使うコンカー・ゲームに最初に言及されたのは、1848年イングランドのワイト島で行われた大会の時です。実に紐を通してぶつけ合うゲームで、カタツムリの殻とヘイゼルナッツで行っていた同じような遊びに代わるものでした。1世紀ほどの間、子どもたちは自分の紐に通したマロニエの実を硬くして、相手の実を割れるよう秘策を編み出しました。酢を塗って焼いたり、保護用のマニキュアを塗ったりすると実は硬くなりますが、逆にもろくなり、先に割れる可能性も高まります。最近では、安全と健康上の問題からこの遊びは人気を失いました。マロニエの木も受難の時を迎えています。葉に潜む害虫と根瘤病のような病害の両方で、マロニエがそびえる夏の景観が脅かされているのです。

p.78 マロニエ（*Aesculus hippocastanum*）。
デュアメル・ドゥ・モンソー『叢樹論』より、1804年。

林と茂み

ウィリアム・ケント、ハンフリー・レプトン、ケイパビリティ・ブラウンなどは全員、
うまく配置された林の力を知っていました。
18世紀の景観設計者が好んで利用したテクニックでした。

林（spinney）は小さな森や雑木林を指す古い言葉です。すべて人工物というわけではありませんが、田園風景の中でアイキャッチや猟鳥の隠れ家として、装飾的に木立を設けることもよくありました。何世紀にもわたり、これらの木立は自然に溶け込み、不思議な性質を帯びました。

林の中には、古代の墳丘や儀式場の上にあるものがあります。オックスフォードシャー州の新石器時代のストーンサークル、ロールライト・ストーンズは、魔女に石に変えられた軍勢だと言い伝えられています。魔女自身はセイヨウニワトコの木に変身しました。この木を切れば呪いは解けるのですが、セイヨウニワトコを切ると恐ろしいことになると誰でも知っているため、やってみる人はいません。ロールライト・ストーンズの中のウィスパリング・ナイツと呼ばれる一群の石は、夜中になると呪いを抜け出し、ロールライトの木立を流れる小川で水を飲むと囁かれています。

「カッコー濡らし」は19世紀シュロップシャー州の労働者の慣習でした。春にカッコーの初音を聞いたら仕事道具を置き、声の聞こえた林へ駆け込んで、カッコーを歓迎してビールで乾杯するのです。

装飾用の人工林はボスコ（bosco）と呼ばれます。イタリア・ルネサンス様式の庭園を囲み、自然界は常に文明への侵入を窺っているのだと思い出させるためのものでした。1547年、ラツィオ州のヴィラ・オルシーニに作庭されたマニエリスムのサクロ・ボスコ（「怪物の園」、直訳すると「聖なる森」）は、そういった庭の生真面目さを柔らかくからかっています。サクロ・ボスコの大きな森には、ドラゴンや醜怪な顔や神話の獣などのグロテスクな像が隠れており、訪れる人を奇妙な地獄の幻想に引き込むのです。

バロック時代のフランスには、形式の決まったボスケ（bosquet）がありました。同種の木を少なくとも5本、均等間隔でまっすぐに植えたものです。しかし、英語のボスケット（bosket、茂み）はもっと幅広く解釈されました。形式に則ったものもありますが、多くは野趣を演出し、古典的なアルカディア（理想郷）の様子を呈するのです。

整えられた森の中には、装飾的な「隠者の庵」を持つものがあります。謎めいた隠者が一人住まいする洞窟や小屋のことです。隠遁生活を送りたい人に向けた新聞の折り込み広告は、複雑な結果を生んできました。1700年代、シュロップシャー州のホークストーン公園には、頭蓋骨や砂時計や地球儀の載ったテーブルで宗教的な瞑想にふける自称「フランシス神父」がおり、非常に人気が高かったので、この森を所有していたヒル家は訪問客のために宿屋を建てる始末でした。しかし一方、景観設計者チャールズ・ハミルトンがサリー州ペインズヒルの森の庵に住まわせた隠者は、7年間孤独に暮らすという契約に入ってたった3週間後、地元のパブで痛飲したために解雇されました。何人かの地主が、人間は全員お払い箱にして、代わりに自動人形の「隠者」を備え付けたのも、不思議はありません。

p.81 フランソワ・ブーシェ画「隠者のいる風景」、1742年。

Holly
ヒイラギの仲間
(モチノキ属)
Ilex

**夏に木々を覆った葉が黄色から茶色になって落ちると、
オーク王の力は弱まり、ヒイラギ王がやってきて冬の日々を治めます。
両王ともグリーン・マンが人格化した存在で、冬にはヒイラギが支配するのです。**

モチノキ属には500以上の種がありますが、最も有名なセイヨウヒイラギ(*Ilex aquifolium*)が一番繁栄しているのはイギリス諸島です。英語の別名*holm*は、古英語で「トゲ」を意味する*holen*または*hulver*からつきました。ヒイラギは常緑樹なので(幼いキリストをヘロデ王の追っ手から匿った功績で常緑にされたというキリスト教徒の伝承がある)、ローマのサートゥルナーリア祭から冬至、ユール、クリスマスまで、冬の祝祭に用いられます。

ただし、ヒイラギを家に持ち込むのが早すぎると不幸を招くとされました。特にウェールズでは家庭が不和になると言います。例外は教会に飾るクリスマス・リースで、キリストの死と復活を象徴します。ヒイラギの実は元々白だったのが、キリストの茨の冠に使われてから、キリストの血で永遠に赤く染まったそうです。クリスマス前のアドヴェント(待降節、降臨節)では、日曜ごとにクリスマス・リースに立てた4本の白いロウソクを1本ずつ点していき、最後の4本目を点す日こそ、クリスマスなのです。クリスマスの深夜ミサにヒイラギの小枝をつけていくと予知力を得ますが、それも良し悪しです。あなたは、翌年、同じ教区内の仲間の誰が亡くなるか、本当に知りたいですか?

スコットランドでは、ホグマネイ(年越祭)の間、「親切な木」の枝を身につけると、妖精のいたずら、たとえば木の根元に銀貨などが見えるようないたずらから人間を守ってくれると考えられていました。逆に、十二夜(クリスマスの12日間)を過ぎても家の中にヒイラギがあると縁起が悪いとされました。デヴォン州では、ヒイラギの葉が1枚でも屋内に残っているとゴブリンを招き寄せると言いますが、反対に、小枝を2月2日のキャンドルマス(聖燭祭)まで取っておく地方もあります。牛小屋やミツバチの巣箱に枝を残しておくと、牛を守り、ミツバチの目を覚まさせるとされました。

北欧神話やケルト神話では、ヒイラギは雷神のトールやタラニスの聖木です。玄関の先にヒイラギの木を植えると、家を嵐や火事や邪悪な目から守ってくれると考えられました。雷避けに効果があるとされたのは、高い木なら何でも避雷になるので、ヒイラギの葉のトゲの1つ1つが小さな避雷針になって、トールの怒りを安全に大地に逃がしてくれると思ったからではないでしょうか。

ヒイラギは全体が有毒ですが、それでも民衆は暮らしに欠かせない木だと見なしてきました。葉をお香のように燃やして魔法の力を強め、ヒイラギの杖は魔法を使っている間、魔術師を守るなどです。

ヒイラギを切ると悪運を招くので、低い生け垣の合間に高く伸ばし、魔女が生け垣の上に沿って「踊らない」ようにしました。「踊る」は「渡る」や「集まる」と同じで、ヒイラギを切らずに伸ばして、魔女が野原を渡ってきて集まるのを防いだのです。

p.83 セイヨウヒイラギ(*Ilex aquifolium*)。
トーマス・グリーン『一般の薬草』より、1816年。

ILEX AQUIFOLIUM —— *Common Holly.*

Juniperus communis L.

Juniper
ネズ、ジュニパーの仲間（ビャクシン属）
Juniperus

蒸留酒のジェネヴァは、1688年、オランダ王のオラニエ公ウィレムによってイギリスに広まりました。今日、ジンは世界最大の販売量を誇る蒸留酒の1つです。しかし、ジュニパーがなければ、「母の破滅」「レディーの喜び」「酔い潰してくれ」など様々な別名で呼ばれるこのお酒は、ただのアルコールだったのではないでしょうか。

シュメール語や古代セム語の文献に見られる豊穣の母神アシェラーのシンボルは、ねじくれて広がるジュニパーの藪です。旧約聖書には、預言者エリヤが邪悪な王妃イゼベルから身を隠していた木として登場します。新約聖書でも、ヘロデ王の兵士たちから逃げていた聖家族を匿いました。

古代ギリシャ人にとって、ジュニパーは復讐の女神フューリズの木でした。聖職者たちは死者が出るとこの木を燃やして家を燻蒸し（中世のペスト流行時の人々も同じことをしました）、葬儀では実を燃やして悪霊を追い払ったのです。その後、芳香のあるジュニパーの煙は千里眼の力を与え、死者との交信を助けると考えられるようになりました。春の祭儀で燃やすと、ジュニパーは魔女を退散させました。ただしスコットランドでは、徴税官から違法蒸留酒の存在を隠すのに使われました。

古代エジプト人は、渋みのあるジュニパーの実を薬用にし、主に胃腸の膨満感などの消化不良や、ギョウ虫の駆除に用いました。17世紀の本草学者ニコラス・カルペパーは、ジュニパーが消化不良に効くと認め、さらに果汁が様々な毒蛇の解毒によいのではと書きました。今でも、ジュニパーは堕胎という別の効果で有名です。女性が「ビャクシンの木の下で」出産したという言い回しは、ジュニパーの混合液で人工的に分娩したという意味なのです。

とは言え、一般にはジュニパーは保護の木と思われています。野ウサギは猟犬が臭跡を追えないようにジュニパーに隠れると言われますし、イタリアでは家に入ろうとする魔女が足を止めて無数の葉を数えずにいられなくするため、玄関脇にジュニパーを植えます。ジュニパーの木を切るのは不吉なことで、ドイツの人々は通り過ぎる時に帽子を取り、ジュニパーの精であるフラウ・ヴァッハホルダーに敬意を表しました。風変わりなドイツの民話には、リンゴを盗んだといって少年を罰する腹黒い継母が出てきます。継母は少年を殺してしまい、遺体を煮てスープにすると、骨をジュニパーの下に隠しましたが、そこは何年も前に少年の実の母が埋葬されたところだったのです。ジュニパーの木は燃え上がり、鳥が1羽飛び立って、国中にこの出来事を伝えて回りました。それからその鳥は継母に石の道標をぶつけます。そして炎に飛び込むと、少年が現れたのでした。

病気の時にジュニパーの夢を見たら治らないというお告げですが、ジュニパーの実の夢は成功や男子誕生のお告げになります。

p.84 セイヨウネズ（ジュニパー、*Juniperus communis*）。『ケーラーの薬用植物』より、1887年。

水中の森

「海藻（seaweed）」は水中に生える生物を指す一般的用語ですが、植物ではありません。

たとえばコンブの仲間（*Lamenaria*）は、潮の流れになびく長い帯のような葉を持つ変わった草に見えますが、実際は藻類を含む不等毛類（ストラメノパイル）という全く別の界に属します。

コンブの仲間は広大な（海の）森を作りますが、どこかに「仮根（付着根）」という枝分かれした器官を使って固着しています。これは根のように見えますが、養分を吸収・分配することはできません。いくつかの種には気泡体という気体の入った浮きがあり、コンブが光合成できるよう、できるだけ日光に近づけるために直立させます。多くのコンブの仲間は非常に成長速度が速く、1日に50cmも伸びるものがあります。密に生えたコンブは、激烈な嵐からもクッションとなって海岸を守ってくれるのです。

一方、海草（seagrass）は植物で、多くは花も咲きます。およそ60種あり、水中に広大な草原を形成して、世界で最も多様な生態系の宝庫として、豊富な生息場所を提供しつつ二酸化炭素吸収源となっています。漁師の間に伝わった人魚伝説は、海藻のベッドを泳ぎ回る海生哺乳類ジュゴンを垣間見たからかも知れません。

私たちの先祖は、食用や家庭用になりやすいもの以外、海藻をあまり区別できませんでしたが、それも仕方ないことでしょう。しかし海藻は役に立つのです。様々な海藻（多くはコンブ）が、石けん、染料、ガラス製品、時には歯磨きにさえ含まれています。多くは栄養価も非常に高いです。人間の食用にいいのはもちろん、家畜の飼料、釣り糸、ボタン、そして乾燥させれば家畜の寝床にもなりますし、園芸家は優れた肥料として海藻を賞賛します。しかし、海藻の収穫傾向は、明らかな地理的差異があるのです。

西洋では、海藻を食べざるを得ない人は極貧と見なされるのが普通でした。アイルランドのジャガイモ飢饉の時、小作農は海岸で海藻を引き上げ、食用にしたり、肥料にしようと絶望的な努力をしたりしました。スコットランドのアバディーンシャーでは、村のすべての小作地の入り口に、臭いけれどもとても有用な海藻を一かたまり置いて、毎年最初の収穫を祝う伝統があります。薬用にしない場合は（海藻は貴重なヨウ素源です）、別の海藻ヒバマタの仲間（*Fucus vesiculosus*）を干してドアに吊し、天然の気圧計にしました。屋内では海藻の束を炉辺に吊して、悪霊を追い払いました。

p.87 コンブ属の1種（*Lamenaria*）。『ケーラーの薬用植物』より、1887年。

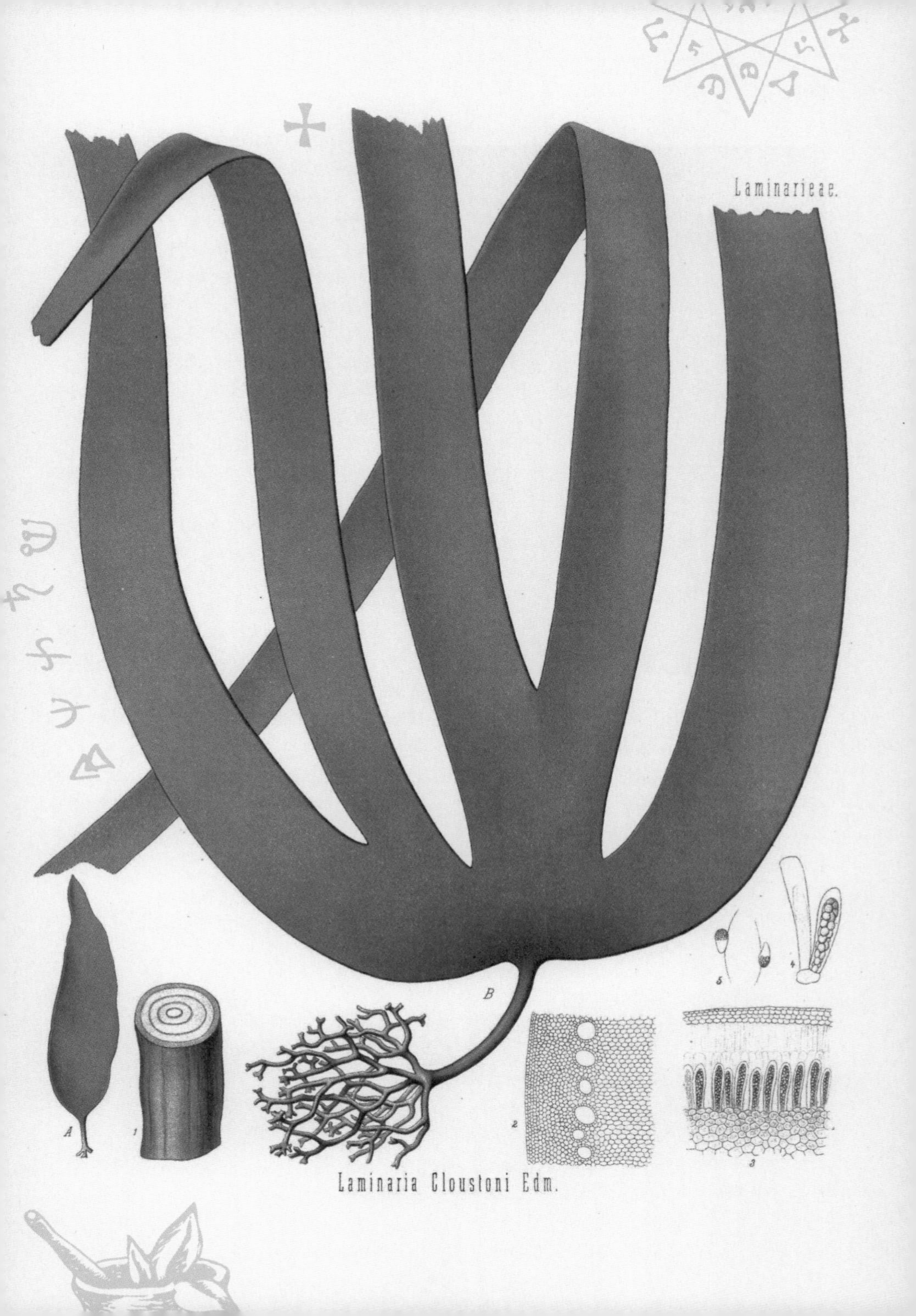
Laminarieae.
A
1
B
2
3
4
5
Laminaria Cloustoni Edm.

悪霊の中には、海から来るものがいます。ヴァイキングの文化で語られる海藻の髪をした恐ろしいドラウグは、元は溺死者の死霊で、生きている人間の手足を捕まえる触手を伸ばして命を脅かすのです。別の北方の悪霊ナックラヴィー（海の悪魔）は、海岸で海藻を燃やして追い払ったりします。また、ケルト人にとって、メロウという人魚は、海藻の長い髪を乱して漁師を誘惑する存在でした。漁師がメロウの魔力の元である帽子やフードを盗めば、メロウを人間界に留めておくこともできましたが、それも一時（いっとき）に過ぎません。メロウはいつか必ず海に帰ってしまうのです。

古代ギリシャの伝説では、漁師のグラウコスは魔法の海藻を食べたため半身魚になってしまい、海藻と鱗に覆われて海でしか生きられなくなりましたが、上半身は予言の力を与えられました。また、ギリシャの海神ポセイドーンの妃、女神アムピトリーテーは海藻の冠をかぶっています。ローマ神話では海神ネプトゥーヌスの妃サラーキアに当たり、同じく海藻の冠です。この名前はラテン語で塩を意味するsal由来で、彼女はあらゆる塩水の海を支配しますが、不思議なことに植物学でSalaciaはつる植物のサラシア属であり、海とは全く関係ありません。

ラ・ピンコージャはチリの海岸で踊る人魚で、コンブ類に覆われています。彼女が海の方を向いていると、豊漁になります。彼女が山の方を向いている時は、漁師は舟を出さない方がいいでしょう。ニューメキシコでは、創造神アウォナウィロナは他のすべての神々を海藻から創ったと言われています。

日本人は海藻を非常に大事にします。猩々は緋色の髪に海藻の帯を締めた海の精で、酒を好み、人の魂の徳の高低を語ることができます。蓑亀と豊年亀は海藻をなびかせた雌雄の亀です。蓑亀は長寿を表し、豊年亀は未来を予言します。伝説を離れた逸話として、701年に成立した大宝律令では、ワカメ、アラメ、ノリなどの海藻を、租税として朝廷に納めることになっていました。

韓国でも、出産直後の産婦には伝統的に海藻のスープを食べさせました。ヘニョと呼ばれる海女たちは女性だけのコミュニティを作り、タフな潜水で30mまで潜って、海藻や貝を採って生計を立てます。

中国では、クールンという龍の一種が海藻の中の宝石の卵から孵ると言われました。

上 アーサー・ラッカム画、リヒャルト・ワーグナー作『ニーベルングの指輪』より、1913年。
p.89 海藻、エレン・ハッチンス。19世紀、キュー・コレクション。

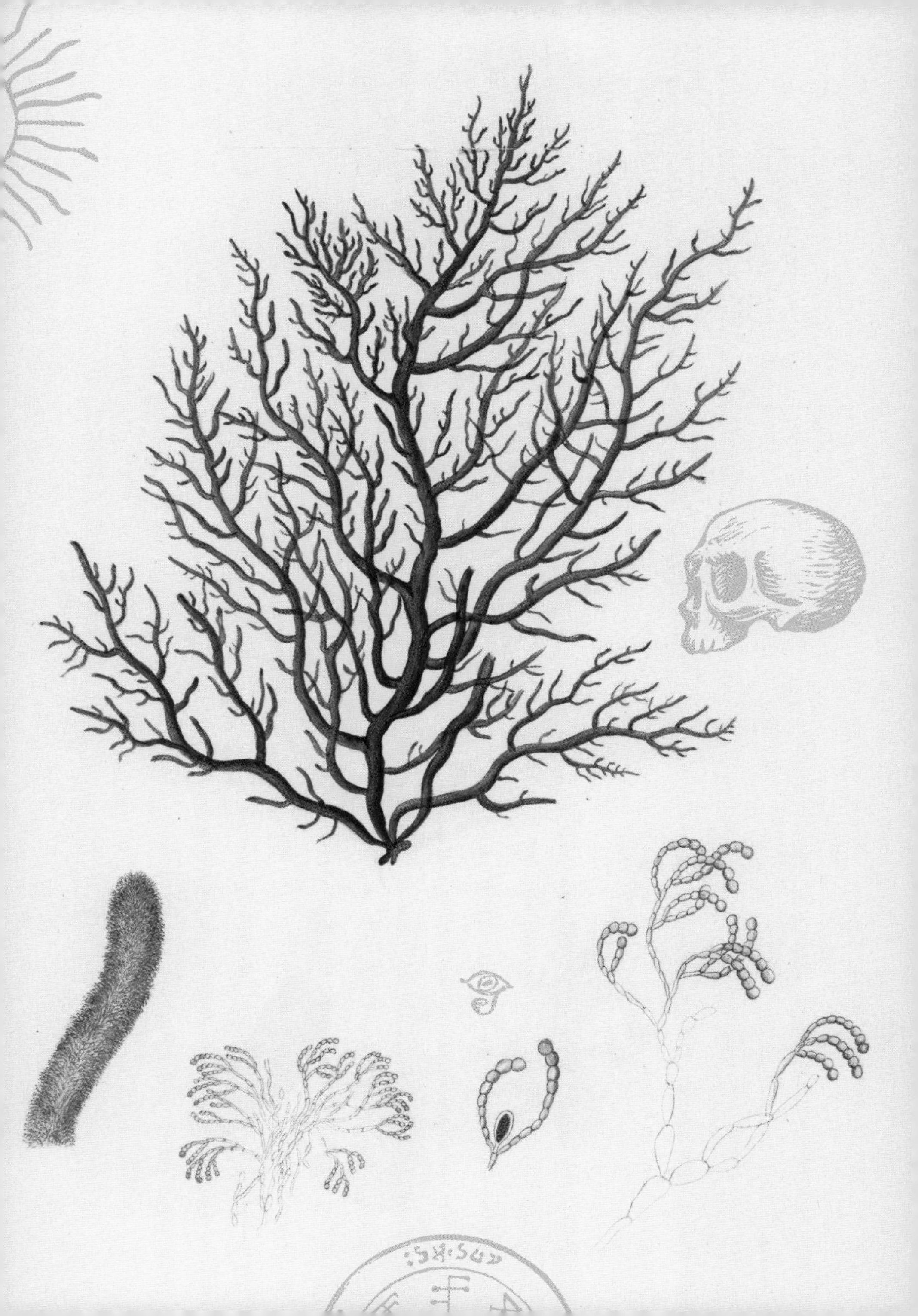

Aspen
アメリカヤマナラシ、ポプラの仲間
Populus tremuloides

古代、“揺れる木”は英雄の木でした。
アメリカヤマナラシの揺れる葉（学名*tremuloides*は「揺れる」を表す）は
冠になり、かぶった者に冥界へ下る力と、より大切な冥界から戻る力を与えました。

このことは、古代の葬送儀礼に用いられるアメリカヤマナラシが、再生の手段と考えられていたことを示唆します。

英語のアスペン（Aspen）という一般名は、スパルタの兵士が使った凸型の木製盾を指すギリシャ語のアスピス（aspis）から来ています。アメリカヤマナラシはヨーロッパやアジア、北米のもっと冷涼な地域を好むので、この木でアスピスを作ったわけではなさそうです。他方、ケルト人のアメリカヤマナラシ製の盾は、軽くて加工しやすかっただけでなく、持つ人を守る力もあると信じられていました。アイルランドのアルスター物語群の英雄クー・フーリンはそういった盾を持っていて、盾が恐れを取り去るのでした。

アメリカヤマナラシの丸っこい葉は細い葉柄の先についていて、裏側の色が薄いので、日光の下で風に揺れるときらめいて見えます。その葉擦れの音は囁きのようで、この木がお喋りする精霊の棲家だという俗信を生んだのでしょう。人間が注意深く囁きを聞き取ると、何か役に立つことが聞こえるかも知れませんが、ご用心！アメリカヤマナラシの枝の下から妖精の国へ掠われてしまうかも知れません。囁き声は冥界が近い時に聞こえることもありますが、必ずしも悪いことではありません。アメリカヤマナラシはこの世とあの世を結ぶと知られているからです。

ケルトの英雄が亡くなると、再生のシンボルとしてアメリカヤマナラシの杖と一緒に葬られましたが、この木は生者も助けてくれます。熱で苦しむ人は髪を一房この木の枝にピン留めし、こう歌います。「アメリカヤマナラシ、アメリカヤマナラシ、お願いだ、私の代わりに震えておくれ」。こうすると、木が身代わりに病気を引き受けてくれると信じられたのです。スコットランドでは、この木はナナカマドと同じく魔法の木で、家でこの木を育てる人を守ってくれるとされましたが、逆に家を建てるためにこの木を切ると不幸に転じるとされました。

キリスト教が到来すると、アメリカヤマナラシそのものの運命も逆転します。新しい迷信が生まれ、アメリカヤマナラシもキリストの十字架の木材になった木の1つとして糾弾されたのです。よきクリスチャンはこの木に石や土くれを投げつけ、悪口を言い、切り倒すよう奨励されました。

アメリカヤマナラシはあまり商用にされませんが、軽いため、舟の櫂や外科用の添え木などに使われることがあります。また、燃えにくいため、床材にされることもありました。彫りやすいので彫刻家には好まれます。

p.91 葉を揺らすアメリカヤマナラシ（*Populus tremuloides*）。ジョージ・エドワード・サイモンズ・ボールガー『身近な樹木』より、1906-07年。

Pl.300. *Charme commun*. Carpinus Betulus L.

Hornbeam
セイヨウシデ
Carpinus betulus

セイヨウシデが非常に樹高が高く、長寿になることを思えば、
比較的伝承が少ないのは驚きかも知れません。

古英語の「硬い木」をそのまま写した英名hornbeamを持つセイヨウシデは、加工が大変です。「鉄の木」と呼ばれるだけに、木目が密で刃物がすぐに鈍ってしまうのです。しかし、いったん加工すると、長く形を保つため苛酷な役目に耐えます。粉挽き風車の歯車を止める釘、精密な機械部品、道具の持ち手、ピアノのアクション、馬車の車輪などがセイヨウシデで作られてきました。また、象牙に例えられるほど白く滑らかなので、凝ったモザイク床や精緻なチェスのコマを作ることもありました。

セイヨウシデがあまり知られていないのは、ブナ属（*Fagus*）に似ているためかも知れません。実際、「生け垣のブナ」と呼ばれることもあるのです。いずれもオークの森でよく見られる木ですが、この2種には明らかな違いがあります。ブナの葉は光沢があり、縁に滑らかな切れ目がありますが、セイヨウシデの葉はもっと小さくギザギザです。いずれも花は尾状花序でそっくりですが、秋になるとセイヨウシデの方は翼果と呼ばれる薄いさやの実が房になり、ブナのドングリよりもトネリコ属（*Fraxinus*）の実にずっとよく似ています。冬になると、違いはさらにはっきりします。どちらの木も着葉性という性質で枯れ葉を落とさないのですが、セイヨウシデは濃い茶色、ブナはオレンジ色と、似ても似つかないのです。

セイヨウシデを燃やすと長く高温で燃え、極めて重要な薪になります。日記著述家で樹木を愛したジョン・イーヴリンは、セイヨウシデはロウソクのように燃え、薪は炭になってもなお珍重されると書きました。今日、セイヨウシデは、フォーマルな大庭園の生け垣にして刈り込み、他の木と組み合わせますが、昔は人の手で管理する森で最も重要な木の1つでした。若枝の伸びた切り株は、昔、幹を切り戻したり枝打ちしたりしたしるしです。非常に古いこぶのある木の幹は、ケルティック・ノットという模様に例えられ、この世とあの世を結ぶはしごだと言われました。セイヨウシデは古代から、野生の王国で重要な種だったのです。

歴史的には、薬用に重宝されました。木の皮は茹でて筋肉痛に、葉は血止めにしたり傷口に貼ったりしました。今日では、20世紀初めにエドワード・バッチ博士が創始したフラワーレメディー（一種の植物療法）で重要な成分となっています。この木は伝承にはあまり出てきませんが、民間療法で徴用されたことで十分埋め合わせがつくでしょう。

p.92　セイヨウシデ（*Carpinus betulus*）。
オットー・ヴィルヘルム・トーメ『ドイツの植物』より、1885年。

Chapter 5

The Enchanted Forest

第5章 魔法の森

最後の氷河期直後、

世界の居住可能地の57%は森林に覆われていました。

洞窟絵画や石彫以外に記録が残っていないため、

私たちは、新石器時代、

闇の迫る焚き火の周りでどんな物語がされていたか、

想像することしかできません。神や幽霊の話だったか、

悪魔や怪物の話だったか、

そして私たちの祖先が周囲の濃い森を恐れていたのか

安心していたのか、知る人はないのです。

おとぎ話からアニメまで、森は私たちのイマジネーションの中で
大きな役割を果たします。ヒーローや怪物、ニュムペー(精霊、ニンフ)、
妖精たちの伝説が私たち自身の物語にゆっくり変容するにつれ、
森の役割は1,000年の時を超えて、同じでありながら変化を遂げました。

古代ギリシャ世界のドリュアスは木と森のニュムペーでした。そのうち、ハマドリュアスは特定の木に結びつき、その木が芽吹くと生まれ、木と共に花咲き、衰えるとされました。イチジク(*Ficus carica*)の精のシュケー、ニレ属の木(*Ulmus*)を守るプテレアー、クワ属の木の精で学名*Morus*に名を残すモレアーなどがその木を見守ったのです。

私たちが魔法の森の物語として語り伝えてきたお話は、こういったニュムペーや、フィンランドの森の神タピオ、リトアニアの木と森の女神メデイナ、ポーランドの森の神ポルヴァタなど、古代世界で崇拝されていた多くの神々から生まれました。世界中に自然に関連した神がどれほどいるかは、すなわち、私たちの祖先にとって森と森の手入れがどれほど重要だったかの証です。たとえばマオリの伝説では、タネ神が暗闇で暮らしたくないあまりに兄弟と反乱を起こし、両親である天と地を別れさせてしまった話から、木々が天を支えているように見える理由を説いています。今日、この話はそのまま信じられているわけではありませんが、タネ神はリーダーシップや勇気や協力が成功につながる例として尊ばれているのです。

神話の魔法の森を生んだおとぎ話や妖精物語は、こういった古代の物語に似た要素をたくさん持っていますが、繰り返し語られる中で、よりしっかりした構成を持つようになりました。ウラジーミル・プロップ、ジョーゼフ・キャンベルなど20世紀の民俗学者は、様々な文化の民話を何千何万も調査しました。そして、繰り返し登場するそれらの「祖型」を特定したのですが、その多くは森を未知の何かのメタファーとするものでした。祖型には、貧者が裕福になる、何かを探索する、怪物を退治するなど様々な物語のパターンや、物語というものの変わらぬ特徴もよく見られます。

左 ウィリアム・ボーウェン『魔法の森』扉絵。
モード&ミスカ・ピーターシャム画、1920年。
p.97『眠りの森の美女』。
ユリウス・ディーツ挿画の古典的童話、1900年頃。

ジョーゼフ・キャンベルが「主人公は森に行く」と言ったことは有名です。探検の最大の難所のことで、それが文字通りの森であることも比喩であることもありますが、道はなく、主人公は自ら道を切り開かねばなりません。その過程で行う選択から生まれた知恵が、彼らに報いてくれるのです。

グリム兄弟が収集したおとぎ話や、シャルル・ペローが改作した物語に留まらず、有名なヨーロッパのおとぎ話は、その舞台に文字通り森を利用するものがたくさんあります。森は、読者がそのレベルに応じて楽しめるものでした。その場合、悪役ははっきりしています。ヘンゼルとグレーテルに登場する魔女、眠りの森の美女に復讐したい邪悪な妖精、ラプンツェルを幽閉する魔法使いなどがそうです。白雪姫の悪い女王は親切なおばあさんに変装し、赤ずきんの狼はおばあさんに化けますが、こんな悪者は見分けるのが簡単です。しかし、他の物語ではもっと難しくなりました。たとえば、美女と野獣で悪者は誰でしょう？ 原話では、商人の末娘が最後に向き合わねばならない

悪は、2人の姉娘の誤ったプライドでした。しかしディズニーのアニメはもっと踏み込んで、松明を点して森を進んでくる村人たちを悪者としています。人間を森の敵として描いたのかも知れません。

しかし、これは目新しい考えではありません。スイスの民話に、レッキンゲンという山の小村の彫刻家の物語があります。彼はある日、森の奥深くで、聞いたこともない美しい歌を歌う不思議な声を耳にします。彼は、声が楽しげに歌っている小さなモミの木のところへ、村人全員を連れて行きます。その歌に魅了され、村人たちは何年もの間、ただ楽しげな歌を聞くためだけにモミの木を訪れていました。しかし、彫刻家は次第に邪(よこしま)な考えに取りつかれ、ついに村の偉い人たちは彼にモミの木を切る許可を与えてしまいます。彫刻家は自らの終生の大作、聖母マリア像を彫り上げましたが、それは美しく、生きているようでした。村人たちは教会の聖壇にその像を据え、下がって待ちました。すると聖母像は歌い始めましたが、それは胸も破れんばかりの悲しい歌でした。歌い終わると聖母像は黙ってしまい、二度と歌うことはなかったのです。

現代の民話の解釈や、民話のテーマやキャラクターに基づく新しいファンタジーは、人間や森との関わり方について明確な、多くは環境保護的なメッセージを伴うようです。1997年の日本のアニメ『もののけ姫』は、多くの伝統的な民話の表現を用いながら、明らかに現代産業社会の恐ろしさを描き出しました。『もののけ姫』は日本の室町時代を舞台とし、民話によく見られるヒーロー、メンター(指導者)、トリックスター(秩序の混乱者)、ゲートキーパー(入門者の管理者)などが登場します。しかし、人間の営みが主人公たちや舞台に暗い影を落とします。もう1人の主要キャラクター、シシ神は古典的な善でも悪者でもありません。日本の鹿の神を踏まえて設定されたシシ神は生と死を司り、森を守る一方、夜には恐ろしいデイダラボッチとなり、癒やしの力と破壊の力を兼ね備えています。魔法の森は安らぎの場所ではないのです。

p.98 ランドルフ・コールデコット『森の中の子どもたち』。1846年頃。

稲妻の木

山の上や野原にぽつんと立つ裸木ほど、
心を揺さぶるものはありません。
雷に打たれて、幹は裂け、黒光りしているのです。

今日では、このような木は、地面への最短経路を通る空気中電気の格好の的となったのだと、簡単十分に説明できます。しかし、科学でこれが解き明かされるまで、雷も嵐も神の業でした。

どの宗教にも雷の神がいます。ゼウス、トール、バール、セト、ウッコ、ペルクーナス、雷公、インドラ、雷神、ショロトル、トラロック、イリャパ、シャンゴ、ワイティリ、ママラガンなどは雷現象を司る大勢の神のほんの一部に過ぎず、これらの神はたいてい神々の王でもあります。一部のスラブ系宗教では、落雷を受けた木には雷神のペルーンが宿るとされ、聖なる場所となります。堂々たるコナラ属の大木（*Quercus*）が、その高さと水分量によって様々な雷神の神木とされていることと、よく落雷の被害に遭うことは偶然ではありません。トネリコ属（*Fraxinus*）も長く雷を引き寄せると考えられてきましたが、それは、木が老いると裂けやすく、雷に打たれたように見えるからかも知れません。

北米先住民のチェロキーの人々は、落雷を受けた木は雷のエネルギーを吸収したとして、非常に尊重しました。落雷後も木が生きていたら、その木は一層貴重とされました。魔法の力がまだその木を流れ続けているからです。エドワード朝のアメリカ人人類学者ジェイムズ・ムーニーは、数年間チェロキーの民と生活を共にし、そのエネルギーは危険でもあり得ると書き残しました。普通の人々はその木に触れたり薪にしたりせず、その木を畑に投げ込むと作物が全滅すると信じていました。一方呪術師は、豊作を願って、落雷を受けた生木を押しつぶして翌年用の種と一緒に水に浸けたり、木を裂いて炭に焼き、プロ野球選手のように顔に塗って、「雷のあらゆる力で敵を打ち負かし」たりしたのです。

落雷を受けた木の木片は、何かにぶつかったり当たったりするのを防ぐお守りだと考えられることがありました。これは、木が2度落雷を受けることはないという広く信じられた俗信から来ているのかも知れません。とは言え、雷に打たれた木のイメージは幸運なものばかりではありません。特にウェールズでは、ぽつんと立つ焼け焦げた木の恐ろしい物語が伝わっています。たとえば、ナント・グルセイルンの呪いのオークの物語がそうで、嘆きのあまり気が狂ってしまった花婿リースの物語です。花嫁のメイニルが姿を消した何年も後、雷に打たれた木の幹の奥で、彼はぼろぼろに朽ち果てたウェディングドレスをまとった白骨を見つけます。結婚式のお決まりの行事だったかくれんぼで、メイニルは2人がよく忍び会っていたお気に入りの古いオークの木に隠れたのですが、枝が絡まって出られなくなっていたのでした。

p.101 落雷を受けた木を清めるローマの祭司の版画。

Ceubren yr Ellyll.

The Haunted Oak.

洞のある木

洞のある木は妖精の世界です。
旅人の休憩所になったり、境界の印や、
地元の絞首台になったりしますが、常に謎と不思議がつきものです。

こういった木は、雷神の雷の結果かも知れませんが、木が非常に年を取って空洞ができたことの方が多いようです。森では棚型きのこが活躍し、古い木の芯の部分を分解するので、微生物がそれを片付けます。こうして木は中空になりますが、新たに伸びた部分が蝕まれることは滅多になく、木はその後何百年も伸び続けることさえあるのです。こういった巨木は地元、時には国の名所になり、アーチやドアをつけて祠や社、なんと居酒屋に使われることすらありました。

フェマイヒェはドイツで最も古い生きた木です。かつてはオーディン神の使いの鳥にちなんで、ラーベンスアイヒェ「カラスのオーク」と呼ばれていましたが、このことは、この木がキリスト教以前から既に印象的な木だったことを示唆しています。この木を「改宗」させるために木造の教会が建てられたのは、宣教師たちが多くの異教の木を切り倒した時代の当然の結果でした。木は後に「正義のオーク」となり、この木の下で裁判の判決が宣告されました。1750年、朽ちた芯部が取り去られ、ドアが取り付けられます。1819年9月26日には、プロイセン王子フリートリッヒ・ヴィルヘルムが訪れ、将軍たちとの朝食前に、フル装備の歩兵36人を木に入らせて中を確認しました。

ロンドンのグリニッジでは、若き日のエリザベス1世が「エリザベス女王のオーク」の周りでピクニックをしたと言われますが、何世紀か後、この洞のある木は地元の拘置所にされました。また、サリー州クロウハーストは、巨大なヨーロッパイチイ（*Taxus baccata*）で有名です。日記著述家のジョン・イーヴリンと骨董好きのオーブリーが訪ねた時には、既に居酒屋になっていました。19世紀、東屋（あずまや）に改装中に、木の幹に清教徒革命時のイングランド内戦の砲弾が埋まっているのが発見されています。

癒やしの泉の近くにある洞のある木は、かつて民間療法で使われました。病人は時に裸になって、木の洞を這ってくぐったのです。どの日のいつ、何回くぐるかは、その土地の伝承によって異なりました。こうすると、くる病やてんかん、腫れ物、痛風など様々な病気を木に移せるとされたのです。キリスト教徒さえ、洞のある木の魔法の力を認めていました。1415年、ベルギーのシェルペンヘウフェルの農民は、熱の出た人が祈るオークの木の洞に聖母像を祭りました。この像を盗もうとした羊飼いは、誰かが像を元の場所に戻すまで、その場でしびれて立てなかったと言われます。後の1603年、3人が別々に、この聖母像が血を流しているのを目撃しました。

洞のある木は呪われやすいのかも知れません。オランダのスーレンの森の洞のある木には、謎の「ホワイト・レディー」が座って回転しています。このヴィッテ・ユーファー（「白い令嬢」、ホワイト・レディーと同じ）は無作法に中に入ると罰を与えますが、敬意を持って接するとご褒美をくれるそうです。

p.102 Day & Hagheのリトグラファーによる「洞のある呪われたナラの木」。1850年頃。

森のヒーロー

心理学者たちは、神話や伝説や妖精譚に満ちた恐ろしい森に
足を踏み入れる主人公という、
古典的モチーフを分析するのが大好きです。
このモチーフは人類のごく初期から私たちと共にありました。
私たち自身の悪を掘り下げやすい方法だったからです。

私たちは明るい森の中の暗がりに興味をそそられると同時に、恐れや疑いを持つようにできています。ヒーローは冒険を求めて安全な村を出て行くのです。多くのアーサー王伝説は、栄光を求めて、あるいは時に純粋に探索を楽しむために、キャメロットの城を出発する騎士で始まるではありませんか。たとえば、中世騎士文学の「唸る獣」が森に出没するのは、追われて殺されるからに他ならないでしょう。他の主人公たちは、もっと具体的な目的を持って森に分け入りました。赤ずきんはおばあさんに会うために、王子はラプンツェルの塔を探すために、森に連れて行かれたヘンゼルとグレーテルは帰り道を探すために。話しかけてくる老婆や賢い老隠者、喋る動物、美しい妖精などのどれが姿を変えた敵で、どれが本当の導き手かの判断は、それぞれの主人公にかかっています。

インド神話の2大叙事詩には、いずれもヒーローが森に追放される場面があります。簡潔な「宗教的悟り」のためです。『ラーマーヤナ』にはヴィシュヌ神の最も有名な化身の1人、ラーマがこの世の王子としての期間中、13年間森で隠遁生活を送る話があります。もう1つの叙事詩『マハーバーラタ』も、サイコロのゲームで騙されて森へ追放される勇敢なパーンダヴァの5王子と、彼らの共通の妻で嫉妬深いドラウパディーの運命を描きます。物語の後半、森で、彼らは敵に対抗する強さを見出すのです。

魔法使いマーリンや民衆の英雄ロビン・フッドなど、森に住むヒーローもいます。全員が木を知り尽くし、森陰に溶け込むことができます。他の木々も彼らを助けてくれるのです。ロシアのおとぎ話『魔女』では、ヒロインに与えられた魔法の櫛が魔法の森に変わり、ヒロインの少女を魔女のバーバ・ヤガーから匿ってくれました。

しばしば、神話の主人公は私たち自身だと示されることがあります。私たちも人生で困難に立ち向かうのですから。また、主人公が正面から敵と対峙し、戦って生き残る方法の数々は、私たち自身の問題に向き合う希望を与えてくれます。森を通り抜けた後に変わらない主人公はいません。彼らは、そして私たちも、行動するしかなく、貧しさや喪失や脅威を前にしてただ受け身でいることはできないのです。

p.105 19世紀のロビン・フッドのリトグラフ。

寄生生物と着生植物

ほとんどの場合、樹木は一人ぼっちではありません。
いずれも独自の生態系を持ち、昆虫や動物から他の植物にいたるまで、
生命を支えているのです。
中には他の生物より木々に歓迎される生物もいます。

寄生植物は、その養分の一部またはすべてを宿主となる生物、多くは樹木から得ています。一般に、寄生根と呼ばれる器官で宿主に着生し、寄生根を宿主の幹や根に刺して、その水分とミネラルをもらったり(半寄生植物)、栄養分すべてをもらったりします(全寄生植物)。寄生植物の多くは奇妙で、幽霊のような見た目です。ほとんどの植物が光合成を行う(太陽エネルギーから酸素とエネルギーを作り出す)際に用いる葉緑素という色素を、完全に欠いているためです。

ヤマウツボの仲間(*Lathraea squamaria*)は全寄生植物の好例でしょう。幽霊のように真っ白な典型的な寄生植物で、養分すべてを宿主から得ています。宿主は通常ハシバミ属(*Corylus*)ですが、ニレ属(*Ulmus*)、ハンノキ属(*Alnus*)、ヤナギ属(*Salix*)の場合もあります。1年の大半を地下で隠れて過ごし、春になると恐る恐る顔を出してヘビのような花を咲かせますが、多くは宿主である木からやや離れたところで花をつけ、どれほど長く根を伸ばせるか証明しています。奇妙なことに、この変な見た目の植物はほとんどどんな民話も寄せ付けませんでしたが、ヨークシャー州では死体の花、ハンプシャー州ではカッコーの花と呼ばれます。

p.106 森の下草の中で白い花を咲かせるギンリョウソウモドキ(*Monotropa uniflora*)。色素がないため真っ白なこの植物は、他の植物に寄生して生きる。

鱗片は色を失った歯に例えられてきましたが、この歯のような草が特徴説で言うように歯痛に効くという証拠はありません。ジョン・ジェラードの1597年の著『本草学』は、これは「道化の肺の草」であるから、肺の疾患の治療によいだろうと述べました。このヤマウツボの仲間の色のある近縁種(*Lathraea clandestina*)も全寄生植物です。北ヨーロッパの湿度の高い森や流れを好み、ヤマナラシ属(*Populus*、ポプラなど)やヤナギ属(*Salix*)の根に密生します。

別名を「幽霊の花」「インド人のパイプ」「死体の花」「アメリカの氷草」などと呼ばれるギンリョウソウモドキ(*Monotropa uniflora*)も完全に色素を失いましたが、却って、足を止めるほど美しく透明な釣り鐘型の花をつけるようになりました。アメリカ全土で見られ、好みの宿主はブナ属(*Fagus*)です。しかし、1917年刊行の手引き『知っておきたい野の花』を見ると、この草は以前は邪悪だとされ、寄生という特徴が「堕落の最終段階で…旧約聖書のカインの刻印と同じくらい確実な犯罪の印」と書かれていました。北米先住民のチェロキーの伝説では、いくつかの部族の長たちが平和のパイプを巡って争ったので、グレート・スピリット(偉大なる霊)は彼らをこのパイプのような植物に変えてしまったといいます。ギンリョウソウモドキの絞り汁は洗眼薬にされることもありましたが、痙攣や失神の気付け薬にされるようになったので、「痙攣の草」や「発作の根」などのあだ名ももらっています。

左 民話『美女ヴァシリーサ』の赤い騎士の挿画。1899年。
p.109 インドの叙事詩『マハーバーラタ』の一場面、パーンダヴァの5王子が森へ13年間追放される。

一方、着生植物は、他の植物に着生して育ちますが、水分や養分は空気中またはその場所の岩屑から得ます。形態は様々で、世界中どこの森にも見られる蘚類（Bryophyta）や苔類（Marchantiophyta）に限りません。全着生植物（holoepiphytes）の中には、一生地面に触れることなく生きるものもあれば、半着生植物（hemiepiphytes）は地面に触れるものもあります。ニュージーランドの有名なノーザン・ラーター（*Metrosideros robusta*）の一生は、鳥がフンと共に宿主に落としてくれた種から始まります。宿主はリムノキ（*Dacrydium cupressinum*）が多いです。成長すると、ラーターはリムノキからどんどん養分を吸い取るわけではありませんが、ラーターの大きくなる根が徐々に宿主を取り囲み、ついには絞め殺してしまって、あたかもラーターの木に見えるようになるのです。キヅタ属（*Hedera*）もよく似た性質で嫌われますが、こちらは寄生も着生もしません。養分は土から吸収し、専用の巻きひげで他の茎や幹を這い上って我が身を支えているだけです。ラーターの名前は、何百もの伝承のあるマオリの英雄ラーターからもらいました。ある伝説では、彼は最初に然るべき儀式をしないである木を切り倒してしまったため、森の民から罰を受けました。伝統的に、ラーターの木のゴツゴツした樹皮はローションや湿布薬にされます。真紅の花から取れる汁は、ノドの痛み止めになりました。

ラン科の植物（Orchidaceae）はすべてが着生

植物というわけではありませんが、着生ランはスポンジ状の太い気根を持ち、水分や養分を吸収してため込みます。水分の貯蔵専用の偽鱗茎を膨らませることで、乾燥に耐えるのです。この科の植物の名前はここから来ていて、ギリシャ語の*orkhis*（睾丸）が語源です。ギリシャ神話で森や性愛と結びつく両親、半人半獣の精霊サテュロスとニュムペー（精霊、ニンフ）から生まれたオルキスは、酔っ払って酒の神デュオニューソスの巫女を犯そうとしたため、身体を切り刻まれてしまいます。嘆き悲しむ父のサテュロスが神々に祈ると、ばらばらになったオルキスの遺体が落ちていた所に花が生えました。1世紀の医師ディオスコリデスは、ランは生殖・催淫作用・性決定などに関係があると書いています。男性がランの根を食べると息子が生まれるとされ、娘の欲しい女性は小さな根を食べるよう薦められました。

中央アメリカのトトナカ族の人々は別の物語を伝えます。王女ジャナトには父王の意に添わない恋人がいました。王は森で若者の首を刎ねてしまい、彼の血しぶきからランが生えたと言います。また中国の孔子は、ランの美しさは気高い者同士の友情を表すと考えました。

ラン科は大きな科で、その種類と地方によって幅広い民間利用がなされました。食用、宗教的なお守り、香料、香り付けなどです。香り付けができるのはラン科バニラ属に限りません。薬用では、関節炎、赤痢からゾウの病気まで、どんな疾患にも使われました。また、有名なトルコ・アイス、サレプリ・ドンドゥルマは、ランの一種オルキス・マスクラ（*Orchis mascula*）の、垂れ下がった一対の大きな塊茎から取るサレップという粉で作ります。このアイスの名前を文字通り訳すと「キツネの睾丸のアイスクリーム」になるのです。オルキス・マスクラは、皮膚疾患や気管支炎、脊柱後弯症にも効くと言われます。

Spanish Moss
サルオガセモドキ
Tillandsia usneoides

海賊の悪党ゴレス・ゴスは身の丈180cmあまり、石炭のように真っ黒なあごひげは腰まで届いたそうです。彼が北米先住民クサボ族の長を捕らえた時、族長の娘は自分が身代わりになると申し出ました。もしゴスが彼女を捕まえられたら、です。

ゴレス・ゴスは少女を追って沼地に踏み込みましたが、道に迷います。すると、頭上で少女の声がします。大きなオークのてっぺんから彼をからかっているのです。ゴスは怒り狂い、少女を追いかけて木に登りましたが、枝にひげが絡んでしまいました。少女は無事に小川に飛び降ります。ゴスも続こうとするものの、木に絡め取られるばかり。ついにゴスはそこで死にましたが、ひげはなおも伸び続けました。今では白髪に見えますが、表面の鱗を落とすと、サルオガセモドキの内側は今なお漆黒なのです。この奇妙な垂れ下がる植物にまつわる他の伝説には、地元の少女との結婚を禁じられたスペイン人探検家が木に縛られて死んだ話や、結婚式の日に殺されたカップルの話などがあります。サルオガセモドキは花嫁の髪なのです。

スペイン人入植者はサルオガセモドキを「フランス人の髪」と呼び、フランス人入植者は「スペイン人のひげ」と呼びました。長い間に妥協がなされ、今では「スペインのコケ」と呼ばれていますが、実はコケでもスペイン産でもありません。サルオガセモドキはパイナップル科（Bromeliaceae）の着生植物で、熱帯および亜熱帯気候で育ちます。アメリカ南西部の沼地、小川、入り江に生えるのが最もよく知られ、ライブオーク（*Quercus virginiana*）やラクウショウ（*Taxodium distichum*）から垂れ下がって、銀色や銀緑色に揺れています。この地方全域で謎めいた不気味な存在とされ、宿主からぶらさがって、カールした針葉の細い鎖のように伸びていくのです。

この植物は低地の墓地にもよく見られ、地下水位が常に墓を脅かすような墓地で、幽霊の出そうな雰囲気を強めています。他の伝説には、1735年にジョージア州で女性として初めて絞首刑になったアリス・ライリーの話があります。サバナ市の他の木はサルオガセモドキに覆われてしまうのに、ライリーが刑を執行されたライト広場の木にはサルオガセモドキが生えません。彼女の幽霊は今なおそこを歩き回りますが、無実の血の流された地には植物は生えないのだそうです。

ルイジアナ州のホーマ族の人々は、熱を下げるのにサルオガセモドキを使いました。アフリカ系の奴隷も、呼吸器疾患や糖尿病に用いました。現代の科学研究で、サルオガセモドキが血糖値の正常化を助けるようだとわかりましたが、食用にはできません。食べても死にはしませんが、まずくて不快です。それはこの植物の中に生きている昆虫からコウモリ、ヘビまで、様々な生物のせいだけでもないでしょう。

p.111 フロリダ州南西部、サルオガセモドキに覆われたオークの老巨木。

XII,1.
105. Rosaceae. 1. Pruneae.
1
2
3
4
A
5
6
9
10
B
7
8
394. Prunus spinosa L.
Schlehdorn.

Blackthorn
ブラックソーン（スピノサスモモ）
Prunus spinosa

ブラックソーンのスローと呼ばれる濃い群青の実と、
平凡な粉っぽい花は、普通の人の味覚には酸味が強すぎますが、
クラシックなジンの風味付けになってくれます。

長い間、ブラックソーンの可愛らしい花は、家の中に持ち込むことが許されませんでした。理由の一端は、白い花は死を表すという一般的な迷信のためでしたが、情けないことです。一重の白い花と揺れる雄ずいのきらめきは、春の風情の中でも最も美しいものの1つなのに。

ブラックソーンは、小春日和後の寒の戻りの間に花咲くことがよくあります。このため、まだ種まきをする前の寒の戻りを「ブラックソーンの冬」と呼ぶようになりました。種まきの例外は大麦で、ブラックソーンの花盛りにまくのが最適です。

ブラックソーンも、キリストの茨の冠に使われたと言われる植物の1つです。そして、ブラックソーンでひっかき傷を作ると、血に毒が入ると考えられることもありました。しかし全般的には、ブラックソーンがもつ多くの親しみを込められた地方名、「牡鹿のイバラ」「小薮」「ヘグペグ」「かぎ裂きの藪」「冬のストロー」などを見ると、好まれる植物であることがわかります。ドーセット州では、小さなスローはスネッグ、若いブラックソーンはグリブルと細かく呼び分けます。ブラックソーンの木から作るこぶの多いステッキにも、同じ名前があるのです。

この「森の黒い冠」「秘密の守り手」などとも呼ばれる木で作った杖は、持つ人を魔女の呪いから守ってくれると言われましたが、ブラックソーンは伝承と不穏な関係です。魔女はロウ人形にこのトゲを刺すと考える人もいれば、1670年にスコットランドで魔術を使って処刑されたトーマス・ウィアー少佐の幽霊は、一緒に焼かれたはずのブラックソーンの杖をまだ持っているとも言われます。アイルランドの物語では、主人公が肩越しにスローの種を投げると、魔法のように生け垣が生えて立ち塞がり、追っ手を遮ります。『眠りの森の美女』のいくつかのバージョンで、城を囲む魔法の森はブラックソーンですが、ラプンツェルの王子様もこのトゲで盲目になる話があります。

ケント州サンドウィッチの市長は、遅くとも14世紀以降ブラックソーンの儀仗を携えていましたが、議会上院の黒杖官の捧げ持つ有名な黒杖も、負けず劣らずの古さです。アイルランドの戦闘用棍棒シレーラは、密で節くれ立ったこの木で作ります。

ブラックソーンのスローは食べるには刺激が強すぎますが、ギリシャの医師アンドロマコスは赤痢にブラックソーンの果汁を処方しました。この処方はカルペパーも有名な著書『本草学』で踏襲しています。マウスウォッシュにも使われた他、甘味を足して水薬にすれば、風邪や咳を鎮めました。サマセット州では、自家製のスローワインはお酒と見なされませんでした。禁酒主義者すら、これは飲んでも大丈夫と思っていたのです。ああ、私たちはなんて自分をごまかすのが得意なのでしょう。

p.112 ブラックソーン（*Prunus spinosa*）。オットー・ヴィルヘルム・トーメ『ドイツの植物』より、1885年。

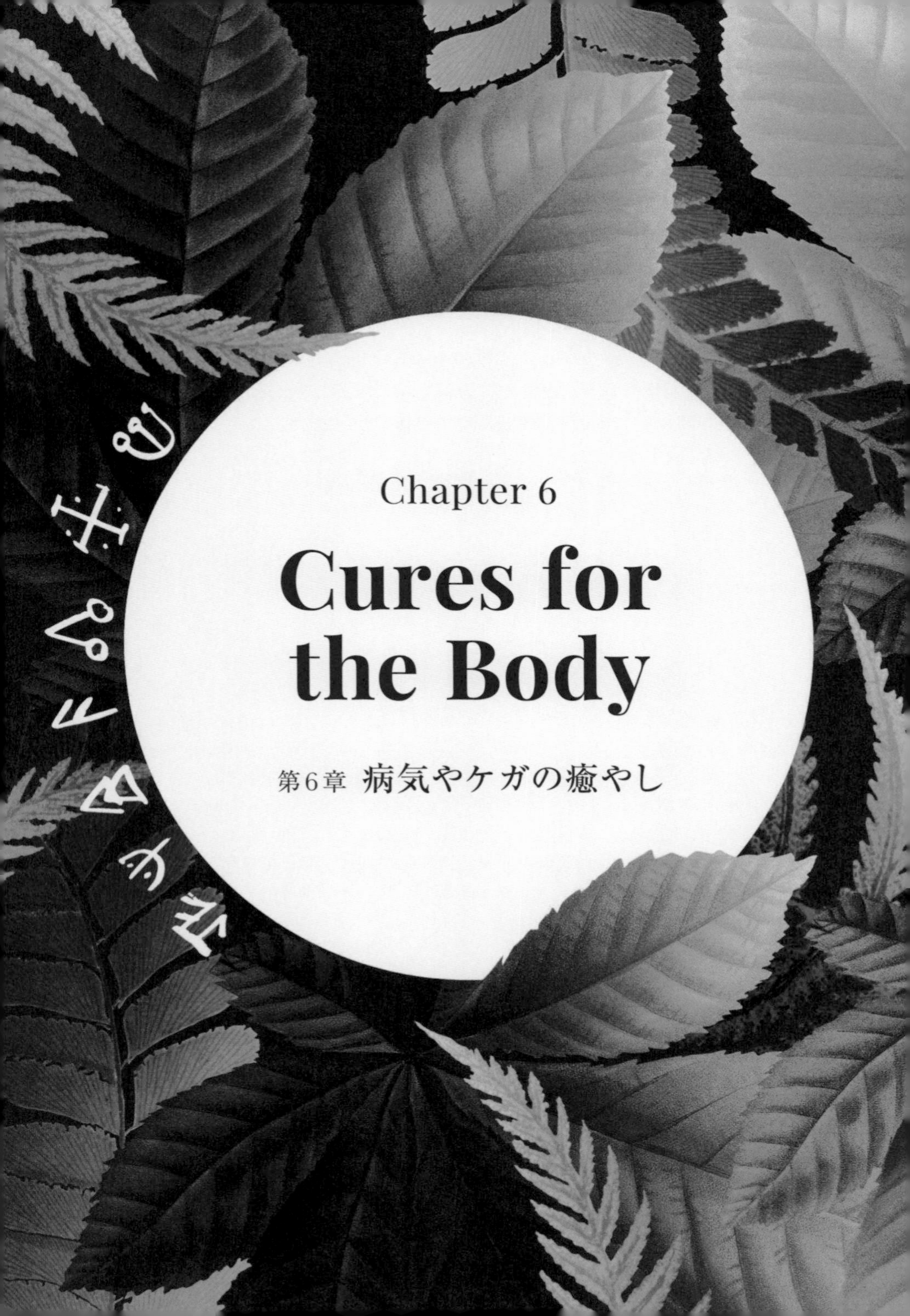

Chapter 6

Cures for the Body

第6章 病気やケガの癒やし

北インドでインポテンツの治療に使われた竹のペースト、
コーリサから、ハンプシャー州で百日咳を治すために
ヒイラギ材のカップで飲み物を飲む伝統。
あるいは、古代アッシリアのリンゴを使った性病の治療から、
ペルー伝統の抗マラリア薬キニーネまで。
樹木を用いる治療法は数えきれません。
しかし、医療の世界で樹木を使う歴史は、
スピリチュアルの教えや古代のバランスの考え方、
民衆の知恵の試行錯誤ともぶつかることが多いのです。

おそらく、人類は誕生した時から木を薬として使い続けてきたのでしょう。
しかし、それを最初に秩序立てて系統的に俯瞰し始めたのは、
古代ギリシャの哲学者テオプラストスです。

紀元前370年頃、テオプラストスは『植物誌』および『植物原因論』という植物学の論文を2本書きました。

何世紀も後、ギリシャの医師ディオスコリデスは、「特徴説」と呼ばれる医学説を著します。植物は、見た目の似ている身体の部位に、あるいは生育条件によって治療に使われました。たとえば、彼は、サソリの噛み傷にスコルピウルス・ムリカトゥス(*Scorpiurus muricatus*)という植物を処方しました。その葉がサソリの尾に似ているからです。また、ザクロの実を切り開くとなんとなく人間の顎と葉に似ているため、歯痛の治療に最適とされました。ヤナギ属(*Salix*)は湿気の多い環境でよく茂りますが、リューマチの人は寒くじめじめした時に一番苦しむので、ヤナギの樹皮が当然の処方となりました。これは、医師たちの目の付け所がよかったようです。ヤナギの内皮は、今日の鎮痛剤アスピリンの基本となっているサリチル酸を含んでいるからです。

もう1つよく知られた理論は、おそらく古代ギリシャの医師ヒポクラテスが唱えた、人体は季節を表す4種の「体液」で構成されるという説でしょう。理想的な健康のためには、これらの体液は完璧にバランスを保たなければなりません。血液(春)・黄胆汁(夏)・黒胆汁(秋)・粘液(冬)のいずれかが過剰または過少になると、病気になるとされました。植物も4つに分類され、いずれかのアンバランスを調整するべく処方されたのです。

伝統的なインドのアーユルヴェーダ医学の中には、身体の健康は並行する3つのドーシャ(不純)と3つのグナ(徳)によるという考え方もあり、それに基づくとこれらすべてを整えなければなりません。また、中国伝統医学では、2つの対立するエネルギー、陰と陽のバランスが基本概念です。中国伝統医学は樹木由来の薬を薦めますが、幸せな人生のためにはもっとスピリチュアルな森の利用も推奨していて、森は炭素を吸収し、生物多様性を促進し、個人レベルでも森で散歩するだけで心身の健康を向上させると教えます。今日、これに反対する人はまずいないでしょうが、全身の治療に関しては完全な同意を得ているわけではありません。

西洋では症状が注目され、古い習慣もまだまだ頑固です。たとえば、ヨーロッパ人は南米のケチュア族の人々が17世紀には使っていたキナノキの仲間(*Cinchona officinalis*)から作る抗マラリア薬、キニーネを受け入れるのに長い時間がかかりました。やっと19世紀になって、キニーネに砂糖とレモンを混ぜてジンと一緒に飲む「トニック」を作るのが一般的になったのです。

16世紀と17世紀、本草学者は植物の種類と用途をリストにして一般に利用できるマニュアルを作っていました。しかし、イギリスの本草学者ニコラス・カルペパーはこれに対し、『ロンドン薬局方』を英訳しました。これは薬局用の教科書で、内科医協会は一般庶民にこれらの知識を隠すよう謀っていたのです。カルペパーは、貧しい人でも薬が使えるようにすべきだと決心し、高価な処方薬の代わりになる生け垣の植物などを提案しました。さらに、『イングランドの医師完全版(カ

右 森の泉で薬草を摘む老女。19世紀。

ルペパー本草書)』ではもう1歩踏み込み、特徴説や四体液説、占星術も利用しながら、野生植物の利用について具体的に説明しました。この本は今なお印刷されています。

一方、ブナ類の洞に溜まった水をどう使うかというカルペパーの提案を見ると、民衆が木の皮や根や葉や果実と同じくらい、木の「霊」を頼って利用してきたことがよくわかります。伝承には、木が人間の身代わりになって病気を引き受けてくれるというものがあるのです。イングランドのハンプシャー州では、病気の子どもはトネリコ属(*Fraxinus*)の木の幹が裂けた間を通らされました。それからその木を固く縛ります。木が癒えると、その子も治ると信じられました。

私たちは今もなお新たな樹木の薬効成分を発見しています。たとえば古代、イチイ属(*Taxus*)は毒性がよく知られていたため、薬用にされることはあまりありませんでした。しかし、近年の研究でこの毒の評価が改められ、化学療法薬ドセタキセルは現在、肺がん・前立腺がん・乳がんの治療に使われています。医学はまだ樹木のすべてを見きれていないのです。

Maple
カエデ属
Acer

カエデ属は世界中で見られますが、多くの属や種を持つカエデ科の木には、
特に2つのイメージが強いでしょう。
日本の秋の象徴として優雅な錦を織りなすことと、
北米で冬の甘味の供給源ということです。

北米のソルトー族の伝承では、多くの北米先住民族の間でトリックスターと見なされる神ナナボーゾは、色とりどりの葉のサトウカエデ（*Acer saccharum*）が邪悪な小人族から祖母を守ってくれたお礼に、木が甘い樹液を出すようにしたそうです。そして人間に、モククというカバ属の木の皮の容器で樹液を取る方法を教えました。しかし別の伝承では、ヘラジカの肉を料理しようとしていた女性が、水を取るつもりでサトウカエデの幹に穴を開け、樹液を発見したといいます。女性が樹液と肉を火にかけておいたところ、肉は全然煮えず、なんだかべたべたになっていました。彼女は恥ずかしくて夫に隠しましたが、こっそり戻ってきてみると、夫は大喜びで甘い肉を食べていたのです。また、チペワ族（オジブワ族）の人々に伝わる話では、悪い魔法使いがかけた呪いを英雄ミショシャが逆転し、森の動物たちを従えてから、魔法使いをサトウカエデの木に変えてしまったのだそうです。

カナダではメイプルシュガーが非常に大事にされ、サトウカエデの葉が国旗のモチーフになっています。アメリカのニューイングランド地方でも同じように愛され、独自のメイプルシロップ採取の伝統や習慣があります。北米先住民は、シロップより運びやすいため、樹液を煮詰めて固形の砂糖にしました。後に、入植者たちは鉄や銅のやかんを使うようになりました。樹液採取の季節はシュガー・ムーンと呼ばれ、真冬から春まで、樹液が木の中で凍らない間はずっと続きます。カエルが歌うようになると、最後の収穫「フロッグ・ラン」の時期が来たしるしで、樹液をシロップまで煮詰め、多くのメイプルシュガー作りは樹液採取の終わりをパーティーで祝います。シロップは濃茶色から薄茶色まで4つのグレードがありますが、これは品質ではなく、どんな用途に一番向くかを示すものです。一番人気の料理はシュガー・オン・スノー。熱々の飴状のシロップを雪玉にたらたらと垂らし、酸っぱいピクルスやドーナツと一緒に食べるのです。

日本のイロハモミジ（*Acer palmatum*）は澄んで落ち着いた青葉で知られます。しかし秋になって色づくと、その鮮やかな紅葉が紅葉狩りの行楽に誘います。春の桜で花見をするのと同じです。平安時代、貴族は和歌を詠みながら、紅葉の錦を鑑賞する宴を開きました。カエデ属は盆栽にもよく仕立てられますが、大阪の箕面には紅葉の葉を揚げた人気のお菓子があります。

p.119 クロカエデ（*Acer saccharum subsp. nigrum*）。フランソワ・アンドレ・ミショー『北米の高木林』より、1819年。

H. J. Redouté pinx. *Joly sculp.*

Black Sugar Maple.

Acer nigrum.

Juglandeae.
A
B
C
1
2
3
4
5
6
7
8
9
Juglans regia L.

Walnut クルミ属 *Juglans*

古代ギリシャ人に*Karya Basilica*と呼ばれたクルミ属、
「王のクルミ」は巨木になります。クルミ属はペルシャ原産で、シルクロードの商人、
それにローマやアレキサンダー大王の軍隊が中央アジアから中国、
ヨーロッパまで広げたと考えられています。

古代ギリシャ人は、クルミの木は知恵を表し、主神ゼウス(ローマ神話のユピテル)が司ると信じていました。学名が*Juglans regia*、「王のクルミ」というのはそのためです。

酒の神デュオニューソスはラコニアの王女カリアと恋に落ち、彼女の死後、彼女をクルミの木に変えました。女神アルテミスは、娘の記念にアルテミス神殿を建てた王と王妃にこのことを教えます。神殿の柱はクルミの木を彫った女性像で、カリアティードと呼ばれました。クルミと近縁のペカンの学名も*Carya illinoinensis*といいます。

何千年も前にヨーロッパに持ち込まれたにも関わらず、クルミ属は今でも外国由来と見なされています。古英語の名前*wealhhnutu*は、「外国のナッツ」という意味なのです。

ブラック・ウォールナットと呼ばれる種は火が司る「男性的な」木だと考えられていたため、ニコラス・カルペパーは太陽の木だと定めました。実が人間の脳に似ているので、特徴説では頭痛にいいとされましたが、湿疹など皮膚疾患まで含む数々の症状の薬に用いられました。収斂作用のある葉と樹皮は、下剤やうがい薬として処方されてきたのです。

とても美しいのに、クルミ属は陰気な木です。クルミの枝の下を歩くと悪魔の手下の言い争いが聞こえる、折れたクルミの木は凶報の前兆などと言う人もいます。クルミの周りには作物が育たないとも言われますが、実際、クルミ属の木は有害物質ジュグロンを放散して、競合する植物を殺してしまいます。

多くの伝承で、クルミ属の木を打ち叩くと実が増えると考えています。クルミの実は食用にもなれば油も絞れ、結婚式では多産のシンボルとして撒かれます。占いの道具に使われたり、ポケットに入れておけば雷避けになるとさえ言われました。内皮からはインクや染料が作れます。フランスでは、noix de Périgord、つまりペリゴール産ナッツから、有名なアペリティフのキャンキノワやクルミのワイン、ヴァン・ドゥ・ヌワイエを作ります。殻すら使い道があり、砕いて産業用や美容向けのスクラブになるのです。北米先住民はこの木を集会での発言権を示す儀仗や笛に用いていました。南東部の民族の中には、クルミ割りという不思議な魔物の話があります。これは死後もナッツを割り続け、その音が回復中の病人を脅かすそうです。

クルミ属の木は決して切り倒さず、掘り上げなければなりません。根元の材が最も高品質だからで、高級家具材や高級車ジャガーのダッシュボードとして賞されています。

p.120 テウチグルミ(*Juglans regia*)。
『ケーラーの薬用植物』より、1887年。

Mango
マンゴー
Mangifera indica

ヒマラヤ山麓原産で、人間が中国、東アフリカ、
フィリピンに広めたと考えられているマンゴーは、
際限のないフルーツというほろ苦い評判も得てしまいました。

マンゴーの甘酸っぱい果肉は誰にでも好まれる食材ですし、濃厚な果汁と強い芳香は、いつも手に入るわけではない贅沢感とエキゾチシズムを思わせます。20世紀末から今世紀初め、何よりもエキゾチックさの代名詞となったこのフルーツは、トラやスパイスやインコといった陳腐な要素満載の小説を軽蔑する「sari-and-mango（サリーとマンゴー）」という言い回しを英語にもたらしました。多くの人が、これらは現代のインドやパキスタンの描写にならないと感じたからです。マンゴーは鬱屈した情熱を示すとして嘲られたわけですが、そういった小説作品は単に何千年来の古い伝統を引き継いだに過ぎません。たとえば4世紀の詩人カーリダーサは詩や戯曲でしばしばマンゴーの花に触れましたが、その香りが神にも人にも情熱を呼び覚ましたと書いています。

ヒンドゥー教の伝承では、愛の神カーマデーヴァは、先端が花になった様々な愛の強さの矢を放ちました。その中でマンゴーは最強で、欲情を湧かせたのです。一方、果実は知恵の実でもあります。聖者ナーラダが、シヴァ神とパールヴァティー神の2人の息子のうちいずれでも、先に世界を一周した方にマンゴーを与えると言ったことにちなみます。シヴァ神の息子のカールティケヤはすぐにクジャクにまたがり、どこかへ向かいましたが、もう1人のガネーシャは「自分にとって両親こそ世界である」と言って両親の周りを歩いたので、マンゴーの実を獲得することができました。

マンゴーはシヴァ神の聖樹です。タミル文学最初期の宗教詩人、カライカール・アンマイアは、彼女の夫が昼ごはんとしてマンゴーを2つ、従者に持ち帰らせた時のことを書いています。しかし、夫が帰宅する前にシヴァ神の信者が訪れ、彼女は1個をその人にあげてしまいました。夫が何と言うか心配になった彼女は、残りの1個を最高級のマンゴーに変えてくれるようシヴァ神に祈ります。夫はそのすばらしいマンゴーが市場の品だったとは信じず、そのため彼女はもう1個すばらしいマンゴーが現れるよう祈りました。夫は不思議がって彼女にまとわりつき、お蔭で集中できなくなった彼女は最後の奇跡を祈りました。醜い老婆に変身させてもらって、やっと落ち着いて詩が書けるようになったそうです。

しかし、マンゴーにまつわる最も奇怪な話は、約50年前の中国で生まれました。毛沢東が学生の反乱を鎮圧した労働者たちに、もらい物のマンゴー1籠を下げ渡したのです。労働者たちはこの珍しいフルーツをどうしたらいいのかわからず、恐れながら撫でさすって礼拝し、後にロウでレプリカを作って祭壇に供え、通る度にお辞儀していたそうです。

p.123 マンゴー（*Mangifera indica*）。ベルテ・ホーラ・ファン・ノーテン『ジャワ島の花と果実』より、1863年。

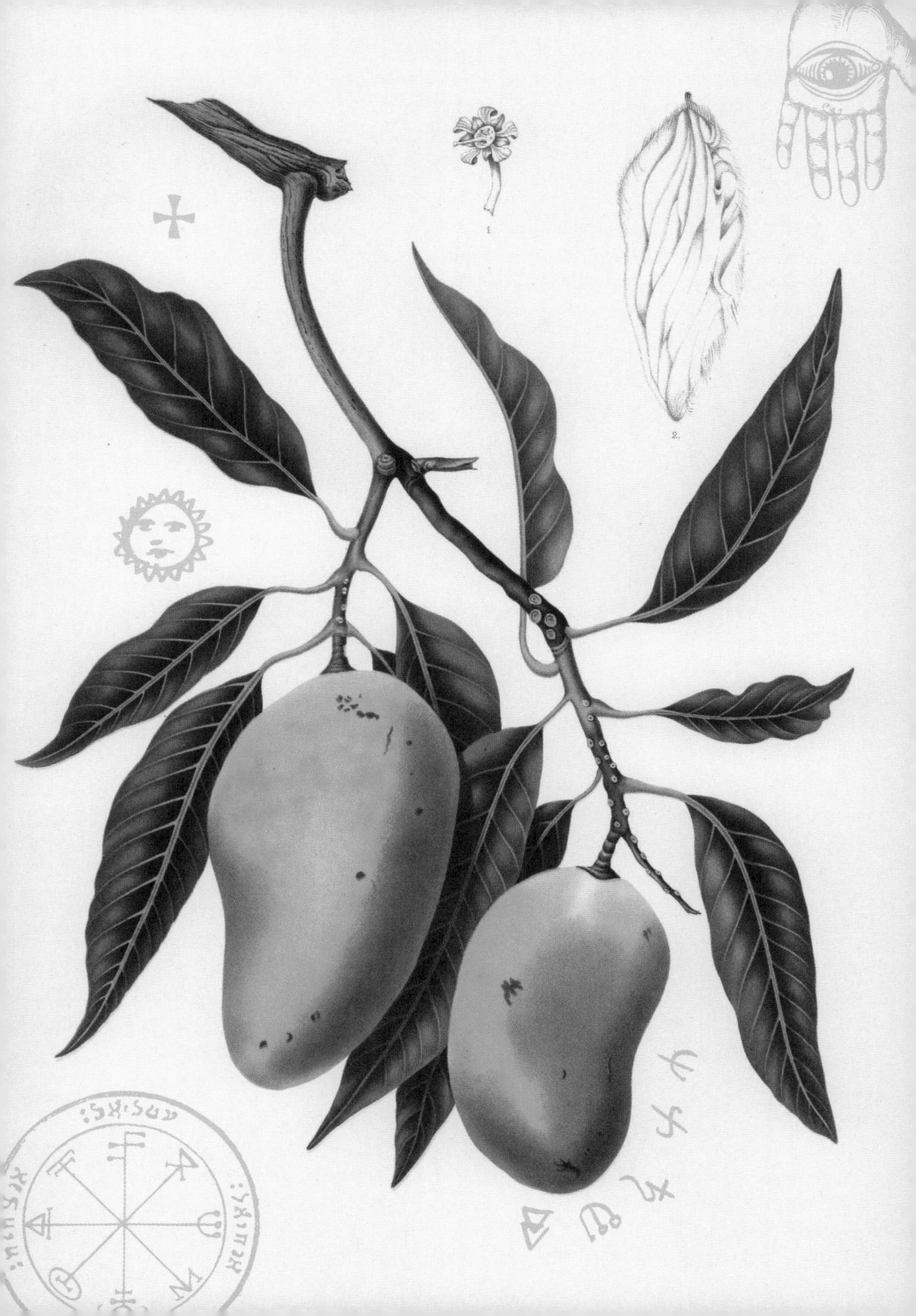

Baobab
バオバブ属
Adansonia

上下逆さのような奇妙な古代木、バオバブは、まるで故郷を追われ、
西アフリカのサバンナに頭から突っ込まれたかのように見えます。

なぜそうなのかを説く伝説はたくさんあります。ソーラとも呼ばれる神カグンは天国からバオバブを投げ捨てたのに、バオバブは着地したところで生き続けたというものもあれば、神は木が歩き回るのをやめさせようと逆さまに植えたというものもあります。しかし一番多いのは、バオバブが醜く創られたと愚痴り続けるので、神が地面に頭から突き立てたというものです。以来バオバブは黙って後悔し、自分を役立つ木にしたそうです。

実際、この大木は役に立ちます。高さ22m、幹回り25mに達するこの木は、抜群の保水力を持つため寿命数千年になることもあるのです。種の入った実は細いメロンのようで、ビタミンとミネラルが豊富です。製法を知る人なら、バオバブで糊も石けんもゴムも作れるのです。また、アフリカ伝統医学では、バオバブの実は発熱や赤痢や天然痘やはしかなどの治療に用い、痛み止めにもされます。木材で倉庫を建て、樹皮は漁網や衣服になりました。しかし一部の国では、燃料生産のためバオバブを森ごとどんどん焼き払っており、今では世界で最も絶滅の危機にある木の1つになってしまいました。

しかし、先述のような利用の仕方は、バオバブは聖なる木で切ってはいけないと考える多くの地元民にとっては呪いも同然です。セネガルではバオバブを切ることはほぼありませんし、もし切らねばならない時には、特別な呪文を唱えて許しを請います。マリのドゴン族の人々にとっては生命の木で、伐採や売買は禁じられています。伝統の吟誦詩によると、13世紀マリ帝国の皇帝スンジャタ・ケイタはバオバブの木をまるごと抜いたので、マリ帝国のライオンを目覚めさせました。昔は、尊敬を集めたグリオ（吟遊詩人）はその知識を残すため、死後バオバブの木の幹に葬ったものです。バオバブの洞は日よけのシェルターにも使われ、ナイジェリアでは監獄にもされました。

バオバブのオフホワイトの花は夜に咲きます。ブッシュに住む人々はその花の中に精霊が住むと信じ、花を摘むとライオンに噛み裂かれると伝えます。逆に、種を集めて水に浸けておくと、飲んだ人はワニから守られるそうです。

マダガスカルの有名な「愛し合うバオバブ」は、異なる村の恋人同士だと言われています。2人は親の選んだパートナーを拒否して、家を追い出されました。神に助けを祈ったところ、2人は木に変えられ、絡み合って永遠の抱擁を交わしているのだそうです。

p.124 マリアン・ノース画「インド、タンジャーヴールのプリンセス・ガーデンのアフリカバオバブ」、1878年、キュー・コレクション。

Cedar
ヒマラヤスギ属
Cedrus

何をもって「杉」とするかは、世界各地で異なるため、
民間伝承はややこしくなってしまいました。

ヒマラヤスギ属はマツ科に属します。日本のスギ（*Cryptomeria japonica*）は最近スギ亜科に移されました。北米先住民がヒマラヤスギと言う場合、彼らが指すのは通常様々な科に属する「偽スギ」で、イトスギ属（*Cupressus*）やビャクシン属（*Juniperus*）の木も含みます。

最も有名なヒマラヤスギの仲間は中東原産のレバノンスギ（*Cedrus libani*）で、イングランドの多くの貴族に好まれます。古代メソポタミアの叙事詩『ギルガメシュ叙事詩』にも見られ、主人公は巨人フンババの守る聖なるレバノンスギの森に分け入りました。激戦の後、巨人は命乞いをしましたが、ギルガメシュは巨人の首を刎ね、森の木々を切って材木にしたのです。

古代エジプト人はしばしば宝石よりもヒマラヤスギ属の木材を尊び、彫像やミイラの棺に大事に使いました。また木から取れる油は、ミイラ作成の過程で抗菌・殺菌剤として使われました。今日でも、多くの人がこれらの木の玉を衣類の防虫剤に使います。

旧約聖書には「真の杉」「レバノンの栄光」として数え切れないほど登場します。ソロモン王は有名なソロモンの神殿などエルサレム市街をレバノンスギで建設し、木は純潔や保護や永遠の命と結びつくようになりました。ユダヤの人々は新年を祝い、旧年の問題を焼き払うために、レバノンスギを燃やすのです。キリスト教徒はこの最もめでたい木で聖人像を彫りました。

中国のある伝承に出てくる「杉」は、どのスギかわかりません。その伝承では、悪王がある人妻に目をつけ、夫を監禁しました。夫が嘆きのあまり死んでしまうと、妻も崖から身を投げました。2人には別々の墓が作られましたが、それぞれからスギの木が生えたのです。2本のスギの幹は絡み合って1本になり、その後「純愛の木」として有名になりました。

多くの「偽スギ」のうち、最も有名なのは、太平洋岸の北米先住民がトーテムポールに使うベイスギ（*Thuja plicata*）でしょう。チェロキーとセイリッシュの人々にとって、ヒマラヤスギ属の木には守護霊がこもっています。お守りとして、小片を小袋に入れて首から提げる人もいます。木材で小屋やカヌー、籠、漁具を作る他、枝は火にくべてその周りで夜語りをするのでした。

p.127 レバノンスギ（*Cedrus libani*）。
C. J.トリューおよびG.D.エーレット『植物精選百種図譜』より、1760年。

Tab. LX.

Cupuliferae.
1
2
3
4
11
10
9
A
B
5
6
7
8
W.Müller n.d. Nat.
Fagus silvatica L.

Beech
ブナ属
Fagus

オークがイギリスの木の王なら、木々の母である女王はブナでしょう。
古代から、ブナは飢饉の時にドングリに頼る人々を守り、
樹皮片は幸運のお守りになってきました。

ラテン語の学名はあまり有力でないガロ・ローマ（ローマ支配下のガリア）の神、ファーグスからそのまま取られました。赤ちゃんと赤毛の人々の守り神であり、葉の赤いヨーロッパブナ（*Fagus sylvatica*）だけでなくブナ属の木すべての神です。この木はスウェーデン南東部からシチリア島北部まで、ヨーロッパほぼ全域で見られます。

ブナの森は暗がりと謎の世界です。樹冠が濃いため、木漏れ日も差しません。根は地表近くでヘビのようにうねって密になり、葉がその上に絨毯のように積もるため、ブナの森の地面では他の植物はほとんど生きられないのです。一方、落ち葉を食べる毛虫やドングリを囓るネズミ、リス、小鳥などの小動物は、ブナの豊かな恵みを満喫します。人間のキノコ狩りにも好まれます。サマートリュフ（*Tuber aestivum*）はブナ属の木と外菌根を交わし、光合成で得た糖分と交換に養分を与えるからです。

ギリシャ神話のアルゴー船も、ブナ材だったかも知れません（有名な「お喋りする」櫂以外は）。酒の神バッカスはブナ材の鉢で酒を飲んでいます。ウェールズの白い女神ヘンウェンは雌豚の姿ですが、ブナのドングリを食べて知恵を身につけたそうです。しかし、人間は知恵を別のことに使いました。アングロサクソン語でブナを指す言葉は*bok*ですが、この語は紙がブリテン島に到来する前に遡り、その頃はブナ材を薄く削ったものに文字を書いていたため、後に*book*という単語が生まれたのです。

18世紀中盤、メイン州シベイゴ湖畔の北米先住民、ソコキ族の長だったポリンは、一族がサケ漁を続けるため、ヨーロッパ人入植者の建設したダムの撤去を申し入れました。これが拒絶されたことが長く血生臭い戦いを招きました。この戦いでソコキ族は殲滅され、ポリンは1746年のシベイゴ湖の戦いで殺されたのです。ジョン・グリーンリーフ・ウィッティアの詩『ソコキ族の弔いの木』には、ポリンの遺体がカヌーで故郷に送られた時の模様が描かれています。ポリンの片腕は聖別された土地に葬るために切り落とされましたが、兄弟たちはブナの若枝を折り曲げて、根の中に遺体の残りの部分を安置できるようにしました。若枝は伸びて立派な木になり、滅びた民族の証として生き続けたのです。

ブナ属の幹に見られる変わった皺はかつて成長が止まった印ですが、イングランドのウェスト・カウントリーでは、これが邪眼を表すと考えられていました。

p.128 ヨーロッパブナ（*Fagus sylvatica*）。
『ケーラーの薬用植物』より、1887年。

マツの森

多くの人にとって、マツの森は北欧民話の暗く禁じられた世界ですが、
他の人々にとっては、マツの木は密な原生林から風に耐えた一本松まで、
様々に見えることでしょう。

針葉樹は、傘状の果実をつける球果植物(*Pinophyta*)という大きなグループで、イトスギ属(*Cupressus*)、カラマツ属(*Larix*)、セコイア類(*Sequoia*と*Sequoiadendron*)の他、もっと馴染みのあるモミ属(*Abies*)とトウヒ属(*Picea*)などを含みます。民話では様々な種がしばしば混同して語られますが、ほとんどの物語はマツです。

マツ属には100以上の種があり、幅広い環境に生えています。マツと、特にマツカサを永遠の命と結びつけて考えたのは、古代アッシリア人だけではありません。これは各地の民話に共通するテーマで、マツは長寿のものが多いからでしょう。メツセラーという樹齢4,000年のブリストルマツ(*Pinus longaeva*)は、世界最古の生体だと考えられています。

ローマ神話で、ニュムペー(精霊、ニンフ)のピティスは北風のボレアスに横恋慕されていました。嫉妬したボレアスがピティスを崖から吹き飛ばした時、大地母神のガイアは彼女を憐れみ、崖を這い上るマツの木に変えたのです。ローマの七丘は今もイタリアカサマツ(*Pinus pinea*)に覆われています。

北米先住民ミクマクの人々の伝説は、3兄弟の物語を今に伝えます。3人は、偉大な魔法使いのグルースカプが、自分の魔法の家を見つけた勇者には願いを叶えてくれると聞きつけました。ヘビや「死の壁」なども登場する長い探索の末、グルースカプは彼らの願いを叶えることになりました。グルースカプは地震のクークに揺れるよう命じ、3兄弟の足を地面に植えて彼らをマツの木に変え、どの木にも望む通りの特徴を与えたのです。長男は最も高い木になり、次男は最も深い根を持ちました。そして三男は長寿を望んだので、今も森に立っています。

日本の能の演目『羽衣』は、漁師が人魚の衣服を奪って陸で暮らすよう強いる北欧の人魚伝説に通じるところがあります。『羽衣』では、漁師の白龍(はくりょう)が松の枝に羽のような衣がかかっているのを見つけます。そこへ天女が現れ、それがないと天に帰れないので返して欲しいと頼みます。白龍がお返しに何かして欲しいと求めると、天女は彼のために舞を舞いました。そして羽衣を受け取ると、たちまち消えてしまったのです。

昔話『花咲か爺』では、親切な老夫婦の犬が地面を掘って、めでたく金の小判を見つけます。これを妬んだ隣の男が犬を借りましたが、犬は糞を掘り出しただけでした。隣人は犬を殺して松の下に埋めてしまいます。犬の魂は松の木に宿り、その後も飼い主を守り続けました。犬の落とした大きな枝を老夫婦が挽き臼にすると、魔法のように麦が挽けました。隣人は、今度はその臼を借りますが、カビが出るだけだったので、臼を燃やしてしまいます。老夫婦がその灰を集めて撒くと枯れ木に花が咲き、2人は殿様から褒美をもらいました。隣人は灰を松の木に投げつけましたが、舞い上がって殿様の目に入ったので、殿様は男を鞭打たせたということです。

また別の日本の伝説では、若い男女がお互いの評判を聞いて、恋しさのあまり森へ逃げて忍び会い、そのまま絡み合った2本の若松になりました。2人はそれでもなお邪魔されたくなく、風に乗せて「見ないで」「触れないで」と囁いているそうです。

フィンランドのマツで作るメルッキプー「印の

上 イタリアカサマツ（*Pinus pinea*）。
エリザベス・ブラックウェル『ブラックウェル植物図譜』より、1760年。

木」は印象的です。幹の樹皮を剥いで名前や誕生日を彫り、その人が亡くなると個人の愛する者たちが逝去日を彫って、墓石の代わりにするのです。スコットランドのハイランド地方の人々は、ヨーロッパアカマツ（*Pinus sylvestris*）の根を裂き、自家用の灯心にしたり、結婚式でマツのロウソクを点して幸運を招いたりします。スコットランドのマツは古代の十字路や境界の印、あるいは戦士や部族長の墓だと言われます。また、アバーフォイルの有名な妖精の木は、ロバート・カーク司祭の魂を罠にかけたとしてとびきり不評です。司祭は1692年、妖精語を理解しようとしていて、エルフ（精霊）に掠われたのです。この木は今、木が（または中に閉じ込められた司祭が）望みを叶えてくれるよう願ってくくりつけられた、たくさんの布きれで覆われています。

人間の脳の松果体は松ぼっくりのような形で、人体の睡眠パターンを制御する部位です。光源を検知するため、「第3の目」とも言われます。とは言え、古代エジプトの来世の神オシリスが、上端に何でも見通す第3の目を表す松ぼっくりのついた、ヘビの絡み合う杖を手に描かれることが多いのは偶然でしょう。ローマのデュオニューソスやアステカの農耕の女神チコメコアトルなど、他の神も松ぼっくりを使いますし、キリスト教でも教皇の牧杖には松ぼっくりがついているのです。

マツはほとんどどこでも幸運や豊穣や長寿のシンボルですが、どこでも好まれるわけではありません。ガーンジー島にはル・ゲに松林がありますが、庭でそんな木を育てると家を失うと言う人がいます。また、マツの下で眠ると不幸な死に方をするとも忠告されるそうです。

ニュムペーのピリュラーは怪物を産んでしまった恥ずかしさで一杯になり、
自分を動物以外の何かに変えて欲しいと願いました。
ゼウスは憐れみ、彼女をボダイジュに変身させたのです。

しかし、ピリュラーは待つべきでした。彼女が忌み嫌った息子は、ケンタウロスの中で最も賢いケイローンになったのですから。ケイローンは音楽と弓矢と薬草と科学に通じ、アキレウスやイアーソーンやヘーラクレースなどの英雄の師匠になりました。

シナノキ属は北半球の温暖な地域全域で見られます。一般にヨーロッパではリンデン（ボダイジュ）、北米ではバスウッドと呼びますが、イギリスでだけはライムと呼びます。ミカン属（*Citrus*）とは何の関係もないのに、ややこしい名前です。

リンデンは北・東ヨーロッパで特に尊ばれますが、必ずしも幸運を運んでくれるとは限りません。バルト神話では運命の女神ライマの神木で、ライマはカッコーの姿で覆すことのできない予言を告げます。ドイツではよくこの木の下に竜が眠っており、その竜をリントヴルムと呼びます。英雄ジークフリートは竜のファフニールを殺して全身にその血を浴び、不死になりますが、肩にリンデンの葉が貼り付いていて血に濡れなかったため、そこが弱点となって仇敵ハーゲンの槍に斃れました。リンデンのせいです。

こういう些細な引っかかりはあるものの、シナノキ属は正義の木です。この木の蔭では嘘をつけないと言われたため、裁判官は「正義の木」の下で判決を言い渡しました。また、シナノキ属のハート型の葉は愛を囁くとされ、いずれも愛の女神であるローマ神話のウェヌス（ヴィーナス）と北欧神話のフレイヤの神木になっています。16世紀から17世紀にかけては、「踊るボダイジュ」を意味するタンツリンデが行われました。グレットシュタットの有名なシュトゥーフェンリンデ（「階段ボダイジュ」）は今もウェディングケーキのような階段状に剪定されます。5月1日のメイ・デイには木を飾り、木に足場を組んだ上で町の楽団が演奏し、周囲には八角形に柱を立てて、若者たちが木の下で踊るのです。

シナノキ属の木は他にも音楽と縁があります。木材がすばらしい音響特質を持っていると言われ、リコーダーや打楽器、エレキギターまで、様々な楽器に用いられます。シナノキ属は歪みにくいので、磨いて滑らかな艶を出すこともできます。実際、リンデンという名前はサクソン語で「滑らか」と「艶」を表すlindから来ているほどです。スイスとフランスではシナノキ属は自由の象徴で、大きな戦闘の記念に植樹されました。またどこでも、グリンリング・ギボンズ（1648年～1721年）など彫刻家から賞されていますし、もっと実用的な面では、塀の柱にしたり繊維で縄をなうために雑木林に植えられたりしました。

p.132 セイヨウシナノキ、バスウッド、またはライムツリー（*Tilia × europaea*）。フランソワ・プレー『フランスに自生する主要植物の科と主な属』より、1844-64年。

vol. 11 — 92.

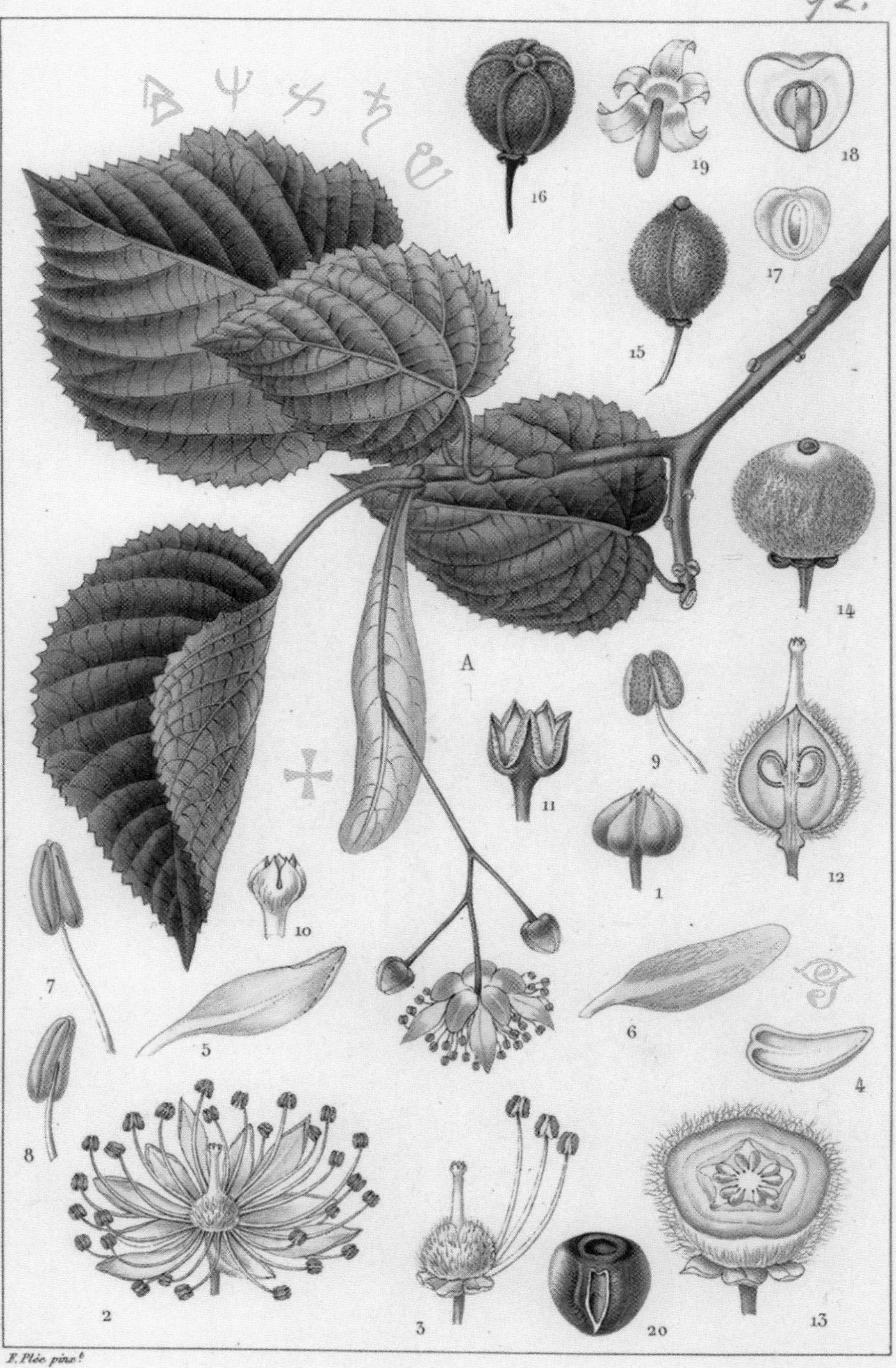

F. Plée pinx^t

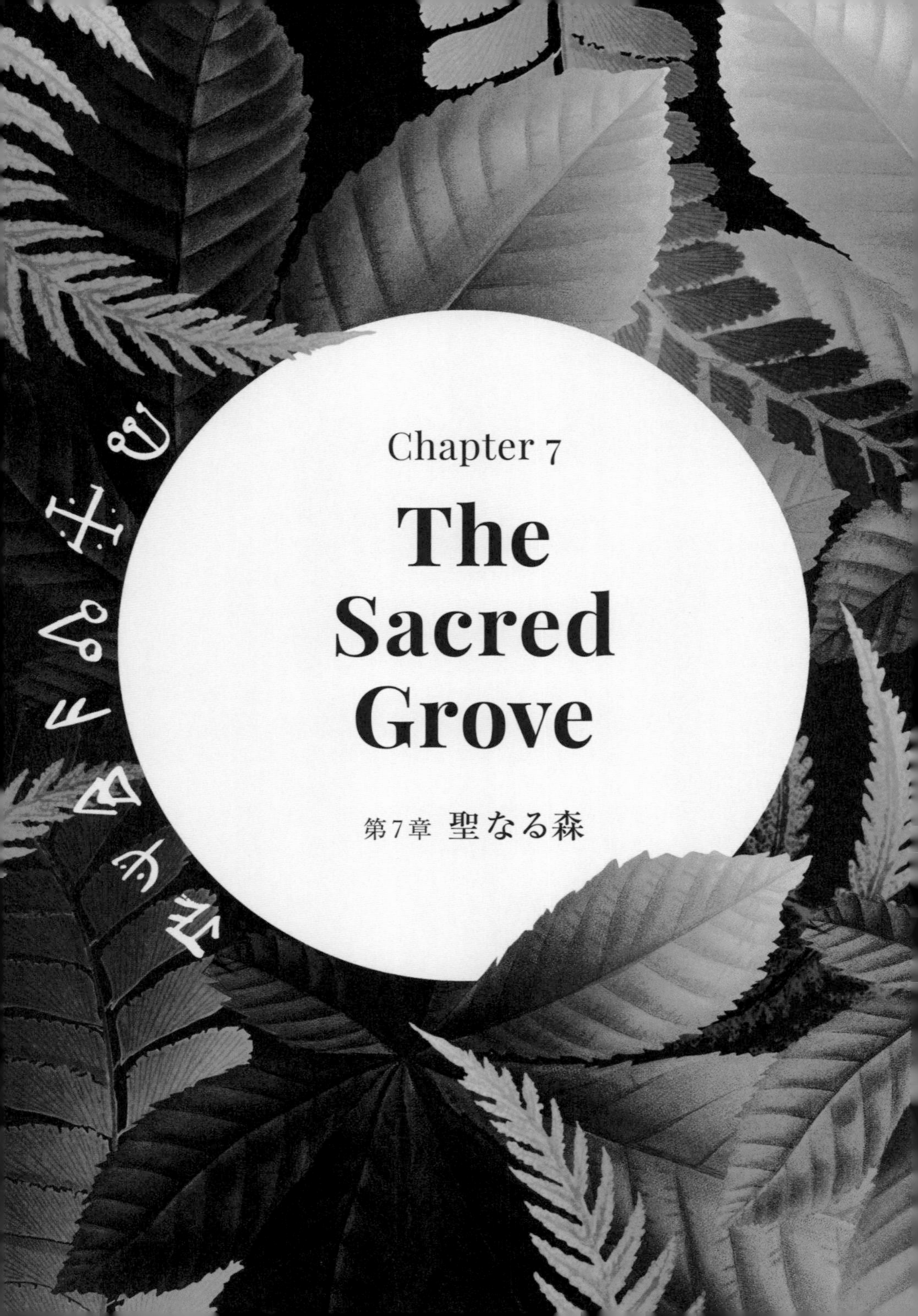
Chapter 7
The Sacred Grove
第7章 聖なる森

あらゆる聖なる森や木立のうちで、
古代ケルトの賢人であるドルイドの森ほど
大切なものはないのではないでしょうか。
ドルイドの自然や、特に樹木との関わりは、
明らかに強力な魔法とつながっていたので、
ユリウス・カエサルは混乱しながらも敬意を示し、
大プリニウスはローマ人著述家らしい
好奇心で書き留めました。
ローマ人たちはそういった魔法を疑い抜くべきか
教訓にすべきか、わかりかねていたようです。

ドルイドの森

ガリア長官だった時、カエサルはドルイドと彼らがオーク（*Quercus*）の巨木を崇拝することを書き残しました。ドルイドという言葉そのものが、ケルト語の「オークの知恵」から来ているようなのです。

初期のドルイドはほぼ間違いなく、聖なる森ネメトーナで集会を開いていたでしょうが、彼らについての文献記録は何もありません。18世紀にドルイドへの関心が再燃した時、1781年創設の古代ドルイド会は一からイメージを作り直さねばならず、最初は男性だけの会でした。復興は19世紀も続きます。1890年刊行のサー・ジェイムズ・フレイザー著『金の枝』は、あれこればらばらだった定義をまとめましたが、それ以前の著作より典拠があったとは言えません。現代のドルイド教は様々な哲学をミックスしたもので、あらゆる人に開かれており、通常は個人や個人のグループ・団体のものとされています。自然への崇敬以外、定まった信仰の体系や教義もありません。ほぼすべてのドルイドが自然界、特に樹木への愛を共通して持ち、自分たちをありのままの存在と見ます。自分のやり方で森と交流し、森を守り、森で儀式や瞑想を行い、またシンプルに木々と共にあることが、ドルイド教では決定的に重要なのです。吟遊詩人は詩を作って吟じ、祭司は占いと癒やしを専らとします。ドルイドは哲学者であり、教師でもあります。多くはケルトの木のアルファベット、オガム文字を使いますが、これは樹木の知恵を暗号的に盛り込んだ文字です。

オガム文字（直訳すると「言語」）はおそらく古代アイルランド語から生まれたものでしょう。木の枝とは異なり、1本の縦線から様々な棒が枝分かれしています。一体いつ頃まで遡れるものかはわかっていません。多くの人が、アイルランドとグレートブリテン島で刻まれた初期の400字ほどは5世紀から6世紀のものだと考えています。それぞれの文字は木や木立と結びついています。たとえばBはカバノキ属の木（*Betula*）、Cはハシバミ属の木（*Corylus*）といった具合です。14世紀のウェールズの詩『木々の戦争』では、主人公のグウィディオンは魔法で森中の木々を生きた軍隊に変えます。ロバート・グレイヴズは、詩に出てくる木々はオガム文字と対応しているので、研究者はテキストの欠落個所も埋められると注釈を加えました。

ローマ人は古代のドルイドがオークの森で礼拝すると書きましたが、今日のドルイドは特に絶滅の危機にある地元の自生種に的を絞って、積極的に植樹プランを支援し、様々な癒やしやスピリチュアルな性格をそれらの木によるものとしています。聖なる森は、単なるロマンチックな、あるいは歴史的な見方ではなく、今も心身にとって強力な生きた存在であり続けているのです。

p.137 聖なる森のドルイドたち。ワード・ロック社刊『図説世界史』の図版より、1881年。

p.138 アンリ=ポール・モットの描いた、ケルトのドルイドのオークとマイルストーンの儀式。1900年。

上 岳亭春信「葛飾連　名数十番　竹林七賢」。19世紀。

Quercus pedunculata Ehrh.

Oak
コナラ属、オーク
Quercus

北半球には500種以上のコナラ属があります。
いつの時代も森の木々の王と見なされ、魔法や謎で酔いしれるほどです。

ほとんどの文化でオークは知恵の木であり、ギリシャでもローマでも北欧でもスラブでも、天上の神々の主の聖樹とされてきました。同じ神が雷、稲妻を司っているのも偶然ではありません。オークは最初に落雷に遭うことが多いからです。ギリシャの神々の主神ゼウスは稲妻の矢をオークに放ち、人間に嵐の訪れを知らせます。今でも農家が避雷針としてオークを植えることがあるほどです。

古代ギリシャの神託所に生えたオークは、倒れた後でも話をする力があると考えられていました。英雄イアーソーンが自分のアルゴー船の櫂を最古の神託所ドードーナのオークで作ったところ、航海の助言者となってくれました。19世紀イギリスでは、ダービーシャー州のオークは枝を払うと血を流し、破滅の預言を叫ぶと言われました。それだけではありません。どんなオークも生きている間は守護エネルギーを働かせてくれますが、この古代樹が不敬を受けるとずっと覚えていることは、皆さんご存じの通りです。切り倒されたオークは時が満ちると、陰惨なやり方で復讐を果たします。犯人はいつか片目を失ったり、歩けなくなったり、偶然落ちてきた大枝に当たって死んだりするかも知れません。そうなる前でも、犯人はオークの森を通る度に恐怖に陥ることでしょう。

しかし、オークは敬意には力で応えてくれます。魔法使いマーリンはオークの下で魔法を使いました。今では古い巨木となったオークがまだ若木だった頃、伝説のヒーロー、ロビン・フッドとその一味が、シャーウッドの森陰に隠れていたことも有名です。しかしもっと説得力のある証拠は、1651年、ウスターの戦い後に逃亡したチャールズ王子が、ボスコベル・ハウスのオークに避難したことでしょう。イギリスに無数の「ロイヤル・オーク(王のオーク)」という名のパブがあるのは、これが由来です。1660年5月29日、王子はチャールズ2世としてロンドンに凱旋したのです。

そしてこの日はオーク・アップル・デイとなり、人々はオークの小枝を身につけます。タマバチの仲間の幼虫が作るオークの丸い虫こぶ、オーク・アップルを身につけるとなおよいとされています。この種の飾りをつけていない人は、卵を投げつけられたり、イラクサで引っかかれたりつねられたりするかも知れません。そのため、「ピンチ・バム・デイ(阿呆をつねる日)」とも言うのです。

p.140 ヨーロッパナラ(*Quercus robur subsp. robur*)。
『ケーラーの薬用植物』より、1887年。

9月29日の聖ミカエル祭にはオーク・アップルを調べてみるといいでしょう。翌年の天候がわかるかも知れません。中の幼虫が小さければ、翌年はいい年でしょう。クモがいたら翌年は不作、ハエがいたら穏やかな季節の予兆です。しかし、こぶが空っぽだったら、死と伝染病が待っています。

オークは憂鬱な意味を持つ場合もあります。ある伝説では、森の木々がキリストの運命を知った時、誰も処刑用の木材にはならないと合意しました。しかし、セイヨウヒイラギガシ（*Quercus ilex*）は賛成するのが一番遅かったため、呪われて切り倒され、十字架にされました。イエスは許し、セイヨウヒイラギガシと一緒に死ねて満足していると言ってくれましたが、以来、この木はカラスが凶報を喚く「葬式の木」になったのです。スコットランドでもオークは絞首台の木でした。レディ・ジェイン・グレイの処刑の後、レスターシャー州ブラッドゲイト・パークにある彼女の邸宅のオークは、服喪として木の上の方を切られました。

ローマの著述家プリニウスは、オークはドルイドにとって特別に聖なる木だと述べましたが、この木はキリスト教徒とはいつも居心地の悪い関係でした。一方でオークは聖母マリアの木になっていますし、イングランドでは毎年「祈祷の日曜日」に行われる「ビーティング・オブ・ザ・バウンズ（境界叩き）」の行列が立ち止まる場所を、ゴスペル・オーク（福音のオーク）が示します。教区の境をオークの棒で示し直す日ということです。ところが、オークには「妖精の木」という矛盾した評判もありました。あのジャンヌ・ダルクが着せられた汚名の中には、彼女がミサに出席せず、花綱をかけてブールモンの妖精のオークの周りで踊っていたというものもあったのです。

しかし、一般の人々は妖精の木という見解をとても気に入っていました。病気を治すために「妖精のドア（枝が落ちた個所の傷の周りにできる膨らみ）」に触れることがありましたが、近くの教会の鐘が鳴り出して妖精を追い出してしまったら、この魔法は効きません。リトアニアでは、森を崇拝していた民衆の記憶から、オークの根元に供え物が置かれることがありました。ウィーンでは、職人の弟子たちが義務づけられた遍歴修行に出発する前、有名なシュトック・イム・アイゼン（鉄の中の木）の幹に釘を打ち込む習わしでした。また、クリスマスの12日間に燃やすユールの太薪は本来オークで、キリスト教以前に起源があるのかも知れません。おおよそ一般の人々は現実的なものなのです。ルーアン近郊のアルヴィルにある洞になったオーク、ル・シェン・シャペルは1696年に礼拝堂にされましたが、フランス革命中、群衆から守られました。地元の校長が、これは王政側の教会ではなく「理性の殿堂」であるという張り紙を殴り書きして貼り付けたのです。

オークは1本で、鳥や哺乳類から昆虫、寄生植物、菌類、藻類まで約200種もの生物を支えることができます。古代から人間も支えてくれました。船や建材や樽や家具にする木材、なめしや染色に使う樹皮、飢饉の時には非常食になるドングリも与えてくれたのです。オークのどんな部位も、多かれ少なかれ薬用にされてきましたが、特に収斂作用のある樹皮は発熱や下痢、赤痢の治療に役立ちました。

p.143 *ガル・オーク（Quercus lusitanica）。*
『ケーラーの薬用植物』より、1887年。

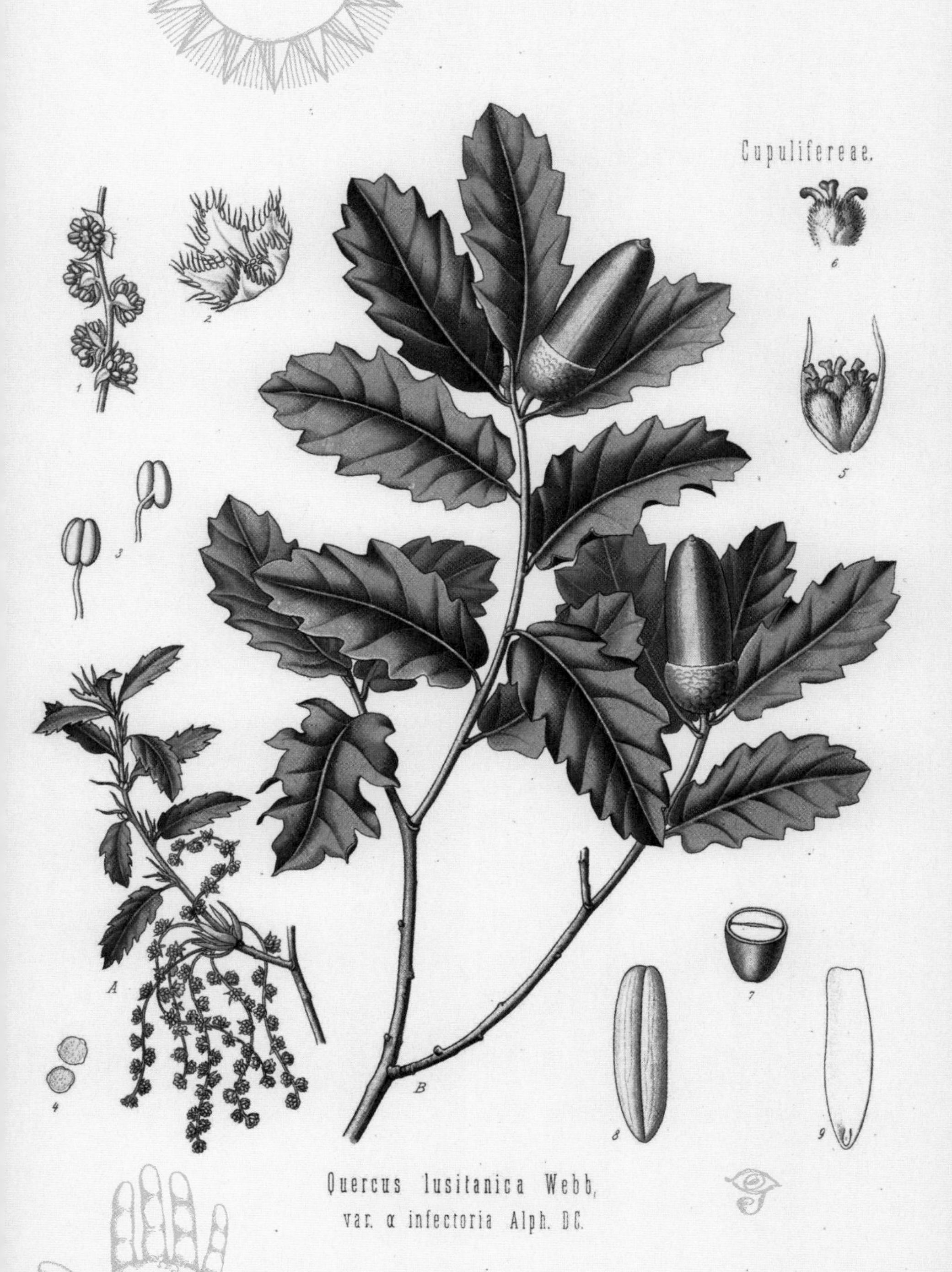
Cupulifereae.
Quercus lusitanica Webb,
var. α infectoria Alph. DC.
95

Hazel ハシバミ属 *Corylus*

英語の一般名ヘイゼル（hazel）は、この木の葉についた可愛らしい帽子を意味するアングロサクソン語名haeselから来たのかも知れません。しかし、ハシバミ属は可愛いどころではない大物です。

ハシバミ属は北欧神話の神トール、ローマ神話のメルクリウス（ギリシャ神話のヘルメース）の神木です。そのドングリは、キリスト教では聖フィルベールのシンボルとされましたが、民間伝承では様々な精霊に守られています。スコットランドでは妖精のハインド・エティンが守り、イングランド北部ではメルシュ・ディックとチャーンミルク・ペグが守護役を引き受けました。

9月14日の十字架称賛祝日は木の実拾いの日で学校は休みでしたが、少し年長の子どもには「木の実拾い」は「羽目を外す」の隠語でした。少女が日曜日に「木の実を拾いに行く」と、悪魔に出会って未婚の母になると言われたものです。集めた実を占いに使う場合は、木の実割りの夜（ハロウィーン）まで置いておいて熟させるのですが、翌日、牧師は会衆が教会でポリポリ実を割って食べるのを我慢しなければなりませんでした。

巡礼や兵士はハシバミの杖を携えました。羊飼いは若枝を曲げ、十分伸びると鍵型の杖にした一方、花を家に持ち帰ると羊が子を産まなくなると考えられていました。ハシバミ属の棒は水脈探し棒になり、サバト（土曜日、魔女が集まると言われた）に切って作った杖は魔女を寄せ付けないとされました。ウェールズの一部では、同じ理由で、遺体はハシバミ属の枝と一緒に葬られました。アイルランドの守護聖人、聖パトリックはヘビを追い払うのにハシバミの棒を使ったと言われています。アイルランド移民はアメリカへの道中の無事を願って、ハシバミのかけらを身につけていましたし、古い伝統は、4月30日のメイ・イヴに切ったハシバミを一片ポケットに入れておくと、どんなに酔っ払っても穴にはまることはないと保証しています。

ケルト人はハシバミ属のドングリは濃縮された知恵の塊だと考えていました。聖なる池の周りに生えた9本のハシバミが池にドングリを落とし、そのドングリをサケが食べ、あらゆる生き物のうち最も賢くなったのです。ある伝説では1人のドルイドがそのサケを獲り、弟子に食べずに料理だけするように言いつけました。弟子は親指にはねた油だけを舐めました。その弟子こそ、後のアイルランドの英雄フィオン・マクール、英語でフィン・マクールです（クールはケルト語でハシバミなので、「フィン、ハシバミの息子」という名前）。

中国では、ハシバミ属のドングリは精霊の聖なる食べ物の1つです。イングランドではもっと実際的で、リューマチや腰痛にはドングリを1個、歯痛には2個持ち歩いたのです。柔軟な若枝は羊避けの垣に編み、また編んだものを壁下地（木舞）にしました。ハシバミ属は特に北米先住民が薬用にし、切り傷や腫瘍、潰瘍の治療をしましたが、注意が必要です。英語で名前の似たウィッチヘイゼルのローションは、マンサク属（*Hamamelis*）という全く別種の木から作るものだからです。

p.145 セイヨウハシバミ（*Corylus avellana*）。オットー・ヴィルヘルム・トーメ『ドイツの植物』より、1885年。

163. *Corylus Avellana* L. Haselstrauch.

Saule. WILLOW. Weide.

Willow
ヤナギ属
Salix

ヤナギには400以上の種があり、幅広い地形環境で育ちます。
大半は水辺を好み、そのせいか「涙もろい」話が付き物です。

ヤナギ属は古代エジプト人には特に重要でした。ツタンカーメンの墓からヤナギの葉が見つかっており、幹はラクダに置く鞍やブドウの木の支えにされました。ヤナギの葉は食欲増進剤として処方されましたし、種は包帯の中に入れたりカバの糞と混ぜて腫れ物の軟膏にしたりしました。

イングランドのハートフォードシャー州では、メイ・デイにヤナギ属を家に入れると邪眼を退けるとされ、ヨークシャー州では魔女を退散させるため玄関に吊しました。ところが同じヨークシャー州で、ヤナギは魔女の木とされ、家にヤナギの花を持ち込むと雛が孵らないと言われるのです。ヤナギ属はユダが自ら縊死した木と言われるうちの1つですが、ヤナギの葉はシュロの日曜日（復活祭の1週間前の日曜日）にシュロの葉の代わりにされることもありました。ヤナギからヘビが生まれると言われる一方、ヤナギの灰はヘビを追い払うとも言われたのです。

ヤナギ属、特にシダレヤナギ（*Salix babylonica*）は、しばしば悲しみや服喪と結びつけられます。イングランドでは、恋人に捨てられた人は「緑のヤナギをまとっている」と言われたものでした。時には、捨てられた人に意地悪なご近所がヤナギを一片贈って寄こすこともあったのです。ただしウェールズでは、こんな時に呪いの言葉と一緒に届くのは、ハシバミ属で作った「白い棒」でした。中国では不死のシンボルとして、棺の上にヤナギの枝の束を置きました。しかし、青と白で中国の風景を描いたミントンの有名な「ウィロー・パターン」の皿と、不幸な恋人たちの物語はイギリス産で、1780年頃にトーマス・ミントンの想像力で生まれたものです。

ヤナギ属は日本でも非常に大切にされます。有名な物語には、新しい寺院を建てるために美しいヤナギを切ることに反対した農夫の話があります。ある夜、そのヤナギの下で農夫は美しい女性と出会い、2人は結婚して息子が生まれました。しかしある日、天皇の使いがまた来て、ヤナギの木を切ってしまったのです。農夫が帰宅すると妻が姿を消し、息子が泣いていました。彼が木のあった所へ行くと、大枝が1本だけ残っていました。彼はそれで揺りかごを彫り、息子をあやしたのでした。よく似た物語はチェコにもあり、男は揺りかごでなくパイプを彫ります。パイプから煙をくゆらすと、美しい女性の幽霊の姿になるのです。

花柳界とは芸妓娼妓のいた歓楽街のことです。花とは花魁のことで、その暮らしは豪奢でしたがはかないものでした。柳は芸者で、頭（こうべ）を垂れて芸を磨き、年を重ねて強靭になるのです。

古代の医師で薬理学者でもあったディオスコリデスは、ヤナギ属を鎮痛全般によいとしましたが、事実、ヤナギ属に含まれるサリチル酸は長い間痛み止めとして使われており、現在はアスピリンとして知られます。

p.146 セイヨウシロヤナギ（*Salix alba*）。
ジョージ・エドワード・サイモンズ・ボールガー『身近な樹木』より、1906-07年。

Apple
リンゴ属
Malus

有史以前から愛されてきたリンゴ属は、
不思議なことに控えめな評判と全能の評判の両方があります。

リンゴ属の木は古代の伝説に繰り返し登場します。多くは言い争い、美、不死のシンボルとして、あるいはその3つ全部のシンボルとしてです。ギリシャ神話では、ヘーラクレースの11番目の冒険は、黄昏の精ヘスペリデスの園から金のリンゴを3個盗んでくることでした。トロイの王子パリスは、3人の女神のうち最も美しい女神に贈るようにとリンゴをもらいましたが、贈られなかった2人の女神が揉めることは必定でした。北欧神話のいたずらな神ロキが春の女神イズンを掠った時には、彼女も彼女の魔法の不死のリンゴも、敵対する巨人スィアチに奪われてしまいます。聖書でアダムとイヴがヘビにそそのかされて食べた禁断の実は、多くがリンゴと解釈されてきました。

クラブアップル（*Malus sylvestris*）は世界中の生け垣に見られます。この木から約2,000種もの栽培種・園芸種が作られました。リンゴ園は魔法の場所で、季節によって様々な伝承や迷信がついて回ります。

最もうるさいのは年末のワッセーリングでしょう。リンゴ酒を作る地方の人々が悪霊を追い払い、眠っている木を目覚めさせるために、銃をぶっ放し、ラッパを吹き、鍋を叩き、声の限りに喚き散らす行事です。5月末は霜の恐れのある季節ですが、リンゴが季節外れの花をつけると、家族の誰かが死ぬという伝承もありました。ある物語では、男が魔女と林檎の収穫量を競って負けたため、5月19日の「フランカムの夜」が始まりました。この頃しばしば遅霜の害に見舞われるのです。別の伝説では、聖ドゥンスタンが自分の魂と引き換えに悪魔と取引したため、霜は5月17・18・19日しか降りないと言います。

一部地方では、今なおリンゴ園に洗礼を施します。これは6月29日の聖ペテロ祭か、7月15日の聖スウィズン祭に行います。祝福を受ける前のリンゴを食べた子どもは病気になるとされました。他にもリンゴを盗むと、一番古い木に住むオード・ゴギーとレイジー・ローレンスという守護霊から恐ろしい目に遭わされると言います。

収穫の時期には、リンゴにまつわるハロウィーンのお楽しみがあります。樽に張った水からリンゴを口だけで取るのは純粋なお遊びですが、少女たちはリンゴの皮をできるだけ長く剥き、将来の夫のイニシャルを見ようとします。また、よくつやつやに磨いた真っ赤なアラン・アップルを枕の下に置いて将来の夫を夢で見ようとしたり、種を空中に放ってその人がどこに住んでいるか知ろうとしたりしました。種が暖炉に入って弾けたら、その人は既に少女を愛しているのだそうです。また、自分を望んでいる男たちのイニシャルをリンゴの皮に彫って、最後まで文字が崩れずに残った相手と結婚するというものもありました。

p.149 カイドウズミ（*Malus × floribunda*）。ルイ・ヴァン・ホウテ『ヨーロッパの園芸植物』より、1845年。

MALUS FLORIBUNDA *Sieb.*

[en pleine floraison] 463

願い事の木

アマゾン高地のカラジャ族とアピナイェ族の人々は、
偉大なヒーラーでシャーマンのウアイカが、その技を
ジャガー・マンから学んだとされる、不思議な眠りの木の物語を伝えています。

とは言え、夢の木は必ずしも熱帯雨林の魔法と秘密の場所にのみあるとは限りません。東ヨーロッパのシレジア地方（現在は主にポーランド）の歴史地区には、貧弱なリンゴの木の下で眠ると、将来の夫・妻の夢を見るという言い伝えがあります。少女たちが枕の下にリンゴを置いて相手の夢を見ようとするのも、イギリスでハロウィーンの占いに見られる思考が元でした。ドイツでは、占いに使うスピノサスモモ（ブラックソーン、*Prunus spinosa*）が願い事のスモモとして知られます。

ヒンドゥー教の世界樹カルパヴリクシャも、願い事を叶えてくれます。一部には、カルパヴリクシャは人間が互いに相手に悪いことを願い合って悪用したので、インドラの宮殿に移されたという人もいます。他の伝説では、カルパヴリクシャは5本あり、それぞれ別の願い事を叶えてくれるといいます。それらの木を巡って、神々（デーヴァ）とアスラ（阿修羅）が永遠に戦い続けるのだそうです。天のインドラの園の木は、根は金、幹は銀、葉はサンゴ、花は真珠で実はダイヤモンドですが、これが地上に降りるとココヤシ（*Cocos nucifera*）、ベンガルボダイジュ（*Ficus benghalensis*）、プロソピス・シネラリア（マメ科の花木、*Prosopis cineraria*）、クワ属の木（*Morus*）、チウリバター（*Diploknema butyracea*）などだと言われます。同じような聖樹は、ジャイナ教、仏教、シーク教にもあります。

時には、特定の木が願い事を叶えてくれることもありました。現在ではなくなってしまったデヴォン州コームのコルクガシの木は、周りを3周歩いた人の願いを叶えてくれると言われ、樹皮片を幸運のお土産として売っていました。もっとよく知られたイギリスの習慣には、古木や倒れた木の幹にコインを打ち込むと、病弱さを克服し、全般の幸運をもたらしてくれるというものがあります。スコットランドには、もっと木に優しい習慣として、布きれを枝に結ぶ習慣があり、その布は裂いて近くの井戸水に浸しておきます。イギリス全土で人々は今もなお、リボンや布きれや何かのしるしを木に結びます。時には木の霊を称えるために、時には願い事のために、時には布が朽ちていくにつれて病も治るようにと。

同じ習慣は日本にもあります。七夕は、結婚してから仕事をさぼるようになったのを咎められた恋人たちを慰める祭りです。天の川に隔てられた牽牛と織女は、7月7日の夜だけ逢えるのです。この日、人々は短冊に願いを書き、笹に吊します。笹はとても成長が速く、高く伸びるので、人間の願いを天に届けてくれるからです。

多くの国に、願い事を紙に書いて木に結ぶ「願い事の木」の習慣があります。アーティストのオノ・ヨーコがポジティブさを促そうと1981年に世界中に植えた、ウィッシュ・ツリーのいずれかに結ぶ人もいるかも知れません。

p.151 イングランド、コーンウォール州カーンユニーに古くからある不思議な願い事の木。

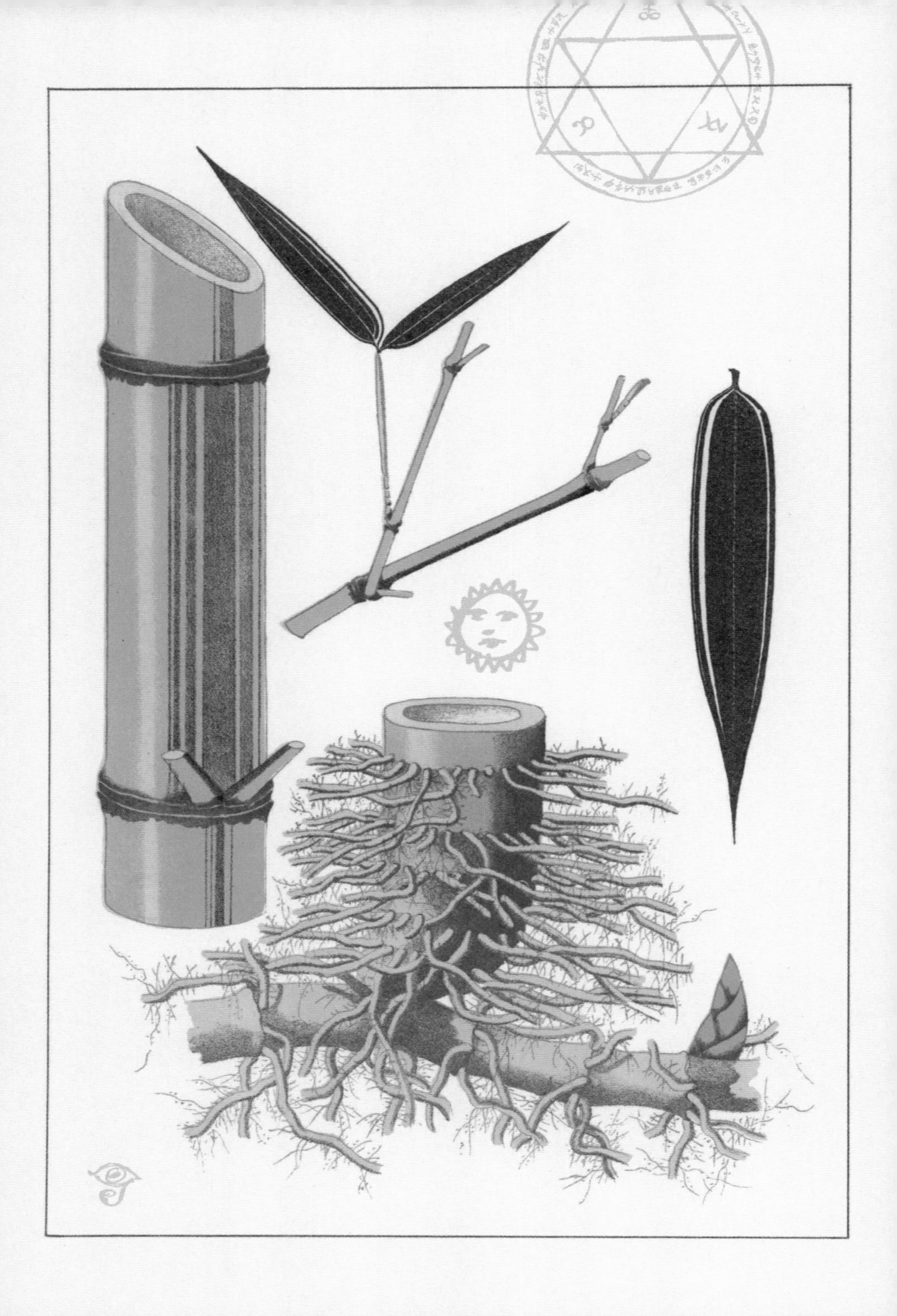

Bamboo
タケ、イネ科タケ亜科
Bambusoideae

子どものなかった竹取の翁と姥は、
竹の中に小さな女の子を見つけて大喜び。
成長したかぐや姫は貴公子たちに求婚されますが、
不可能な難題を出して結婚を遅らせるばかりでした。

ついに彼女は月から修行のために地上に送られた天女であることが明かされます。失意の翁と姥は、かぐや姫の着物と不死の薬をもらいますが、それを手元に留めておくことに耐えられず、帝に献上しました。帝は着物と薬を富士山に運ばせ、そこで燃やしました。以来、富士山からは煙が立ち上っているのです。

10世紀の竹取物語は、タケという植物の不思議な特徴を中心に展開します。熱帯全域で、タケは冷涼な産地にも、湿気と苔の多い森にも育ちます。仏教や道教など、多くの哲学で聖なる植物とされ、中空であることが瞑想の中心にありました。梅、蘭、菊と並んで四君子と称され、まっすぐさや純粋さ、謙遜を表します。嵐にも負けずにしなって耐える、強さや逞しさによるのでしょう。

世界最大の原生竹林は中国南西部にあり、ある仙女が、西王母が神酒で酔っている間に神苑から竹を盗み出し、伝えられたとされています。長寿や不死と結びつく他、悪霊を追い払うと言われます。

ハワイの人々にとって、タケは創造神カネの聖なる植物です。また、フィリピンの神話では、最初の人類は天と海の戦争中に裂けたタケに似せて作られ、マレーシアでは最初の男はタケの下で眠っている間に美しい生き物の夢を見ます。目覚めてタケを割ると、最初の女が産まれたのです。

しかし、タケも常に縁起がいいわけではありません。インドとネパールの一部では、幽霊や悪霊を引き寄せるとして人々は忌避します。いくつかの地域では不妊と結びつけられています。根が密に絡み合うため、タケの根元では何も育たないからでしょう。ネパール中部では、タケの影が死を招くとして、植え付けや刈り取りは日没後に行うそうです。

それでも、イネ科最大の属であるこの植物は幅広い役に立ち、非常に大切にされています。昔から建築や家具や食料にも用いられ、さらに武器作りにも尊重されてきました。マレーシアの自家製大型爆竹メリアム・ブルーもタケで作ります。最近では、タケ繊維の布、床材、蒸留酒、なんと自転車まで作るようになっています。

p.152 マダケ（Phyllostachys reticulata）。
坪井伊助『坪井竹類図譜』より、1914年

Sandalwood ビャクダン *Santalum album*

古代エジプト人が薬用、
ミイラ作成、儀式の焼香に珍重した本物の白いビャクダンは、
5,000年以上も栽培されてきました。

この小ぶりな熱帯性樹木は多くの信仰で聖なる木とされ、インドネシアからチリのファン・フェルナンデス島、ハワイ、ニュージーランドにまで分布します。これはおそらくいいことなのでしょう。原産地のインドでは、過剰な開発により危機に陥っていますから。ビャクダンは半寄生植物で、その多色の花を常時咲かせるのに十分な養分を、宿主の根を通して得ています。

ビャクダンの精油は極めて高価です。薬用や儀式用のお香、アロマセラピー、商用香料として多様な用途があるためですが、白いビャクダンは成長が遅く、収穫まで25年かかります。木が古くなるほど香りが強くなり、最高の精油は樹齢30〜60年の木から採れるのです。歴史上、ビャクダン材はジュエリーや社寺の彫刻などの工芸に使われ、中国、チベット、ネパールなどでは寺院建築にも用いられました。しかし今日では、木のあらゆる部分から香油を抽出します。芯材は切り倒し、蒸気で蒸留して精油を取り出すのですが、こうした技術は次第に廃れています。

韓国のシャーマニズムではビャクダンは生命の木で、仏教徒にとっては最も好まれるお香の1つです。ヒンドゥー教ではビャクダン（サンスクリット語でチャンダナ）はシヴァ神の神木ですが、女神ラクシュミーもその枝に住むと言われます。ジャイナ教の日々の行でもよく使われ、僧侶が信者にビャクダンの粉を撒いたりします。ジャイナ教徒は火葬前に遺体をビャクダンの花綱で飾り、ヒンドゥー教徒も火葬用に積んだ薪にビャクダンを少し混ぜることがあります。インドのムスリムは病人の足もとにビャクダンの香炉を置いて、魂が天国に昇れるよう祈り、ゾロアスター教徒も寺院のアファーガニュと呼ばれる火の壺に、ビャクダンをよく入れるのです。

ビャクダンはペースト状の香料にされることもあり、ヒンドゥー教徒はこれを祭具の清めに使います。スーフィー教徒も墓に塗りますし、クリシュナ神を信じる人の中には、沐浴の前に身体に塗る人もいます。

ビャクダンを西洋に持ち込んだのはアラブ人で、最初はスペインのコルドバで革製の鞍に香り付けしたり、薬にしたりされました。アーユルヴェーダ医学では皮膚疾患に用い、中国医学では「腎陽」と結びつけられます。これは代謝を促し、身体を温めてストレス耐性を高め、静的濃緑を増すとされています。

p.155 ビャクダン（*Santalum album*）。ウィリアム・ロクスバラが名前不詳のインド人画家に描かせた。1795〜1804年、キュー・コレクション。

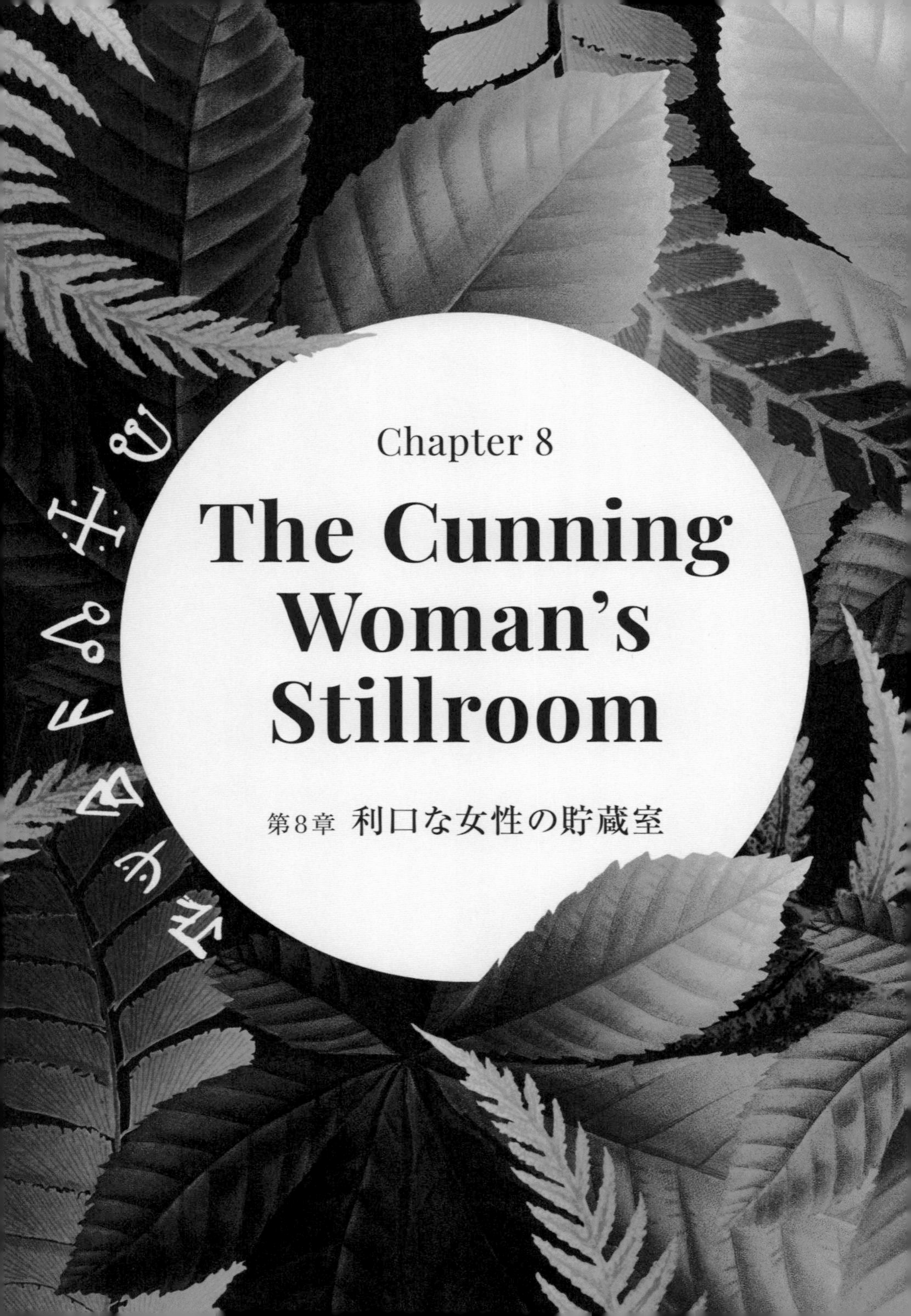

Chapter 8

The Cunning Woman's Stillroom

第8章 利口な女性の貯蔵室

今日、「薬草使い」と言われて浮かぶイメージは、

１人で森の奥に住む歯のない老婆でしょうか。

魔法の薬が失敗して、

魔術を使った報いに焼け死んでしまったりするのです。

実際、薬については、

多くの人々が古くから（主に女性によって）

伝えられてきた知恵に頼ってきましたが、

薬草商となると、

森の洞穴の代わりに街の瀟洒な家に

住んでいることもありました。

あらゆる植物の特性を知ることは生死を分け、
家族の健康を守るのは伝統的に主婦の仕事でした。
樹木は、民衆が病気との戦いで手にすることのできるものの中では
常に優秀な武器であり、実際に証明された薬効と魔法とを隔てるヴェールは、
これまでずっと薄かったのです。

貯蔵室は涼しく乾燥した部屋で、鍵がかけられ、一家の主婦か信頼できる使用人でなければ立ち入れませんでした。ここにお酒や保存食、スパイス、コーヒー、お茶、チョコレート、そして一家用の砂糖の塊が保管されていたのです。同時に、貯蔵室は、軟膏や湿布、シロップ、傷薬などを調合する大切な部屋でもありました。

中世から近代初期の貯蔵室は、卑金属を貴金属に上位変換しようとする錬金術師や博物学者の実験棟と似たところがたくさんありました。薄い空気から金を得る「マルチプリケーション」はイングランドでは違法で、1404年にヘンリー4世が禁じましたが、なおこっそり試す人たちがいたのです。錬金術師の実験室には錬金炉や挽き臼や容器があり、「賢者の石」を求めて奇妙な物質を蒸留していましたが、賢者の石は不死や病気からの解放を叶えてくれるものでもありました。同様に、主婦の（合法的な）貯蔵室には、よくある痛みを和らげるために、炉や乳棒・乳鉢、鍋や壺があったのです。

傷薬、軟膏、洗剤、防虫剤、香料、リキュールなどの家代々のレシピは、母から娘へと伝えられ、主人から使用人、家畜小屋の動物に至るまで、一家の健康を守ってきました。大半は手書き

左 『できる女性の保存食・製薬・美容・料理の楽しみ』。1675年。
p.159 『家庭事典:都市と地方の新家事事典完全版』より、ネイサン・ベイリーによる扉絵。
1742年、1736年と記載。

だった「平凡な事柄」に関する本に書かれていることは、単に保存食や薬の作り方に留まりません。たとえばニワトコ属（*Sambucus*）の葉の蒸留液から作るそばかす取りローションなど、初期の化粧品まで載っていたのです。クルミを絞った毛生え薬は、ローマの著述家プリニウスにまで遡るものでした。彼は、他は全部断食してクルミを噛むと、狂犬病も治ると書いています。しかし、すべての治療法が世代を超えて伝わってきたという証拠はありません。家庭内のレシピ本は、実際に効果があったらしいレシピしか残さない傾向があるからです。

16世紀になると、印刷された家事のマニュアル本が現れます。これらの本には役立つレシピに加え、一般の家事には複雑すぎるようなものや、入手困難で高すぎる珍しい材料を多々揃えなければならないようなものも掲載されていました。『よき主婦の宝典』（トーマス・ドーソン著、1585年）には、「様々な病気に効果が認められた薬」の他にパンケーキやサラダやプディングなどのお楽しみ料理も載っていましたが、デイツ（ナツメヤシの実）や乳香、水銀などの高価な材料、その上『巣立ちで飛び出してきたツバメの雛』まで書いてあったのです。ツバメは水銀よりたくさんいたでしょうが、地面に降りる前に殺さなければならないなど、実際に入手するのはよほど難しいことでした。とは言え、ドーソンは入手しやすい樹木関連のものも提案しています。ハシバミ属の木の洞で採った苔を傷の血止めにしたり、「膀胱をきれいにして汚れを取る」もののリストにトネリコ属の翼果、ドングリの芯、スロー（ブラックソーンの実）の種も並んでいます。

薬草の調合薬は、固形や蜜ロウを混ぜた軟膏などの半固形、あるいは「シンプル」と呼ばれる単独薬草の薬の中間状態で保存しました。シンプルはアルコールやシュガー・シロップなどの保存料を用いて調合しておくのです。しかし、多くの民衆の治療者は、釜の中や貯蔵室で作られた薬に完全に頼ることはありませんでした。特に貧しい家庭では、古くからの迷信やお守りの方が害は小なくよく効きそうだと思い、病気だけでなく悪霊からも守ってもらおうとしたのです。

一家の範囲は家庭外の家畜小屋やペット、農場の動物、特に牛にまで及ぶ広いものでした。こういった動物は通常、ナナカマド属（*Sorbus*）やサンザシ属（*Crataegus*）などの薬草を編んだ首飾りといったお守りで守られました。

ランタナガマズミ（*Viburnum lantana*）はよく道ばたに生えることから、広く「道行きの木」として知られる他、「魔女集会の木」とも呼ばれます。このちょっと驚きの俗称は、17世紀、魔女を寄せ付けないためよく牛小屋の脇に植えたためにつけられたものです。

ニワトコ属（*Sambucus*）はあらゆる部分が食料や薬、そしておまじないの役に立ちました。干したニワトコの葉を室内に吊すと悪霊を追い払い、いぼや害虫・害獣避けになりましたが、先に木の許しを得ておかねばなりませんでした。カバノキの葉は赤ちゃん用ベッドのお守りになり、ハンノキの小枝はポケットに入れておくと心臓と腰を守るとされました。ドングリを身につけるのは、ヨーロッパの広い範囲で全般的な健康のお守りとされていました。

しかしその後、貯蔵室とそこで実現されてきたスキルは徐々に好まれなくなりました。大学で学んだ（男性の）医師は、美と健康の秘密を貧しい人々、村の女性たちや薬局のものとして捨て去るようになったのです。多くが失われたり不完全に伝わったりし、後には「お婆さんの繰り言」として無視されました。確かに、それらは今ではやや古めかしく思えます。1694年、ジョン・ペチーは『野生植物の薬草完全版』で、しもやけや麦粒腫を治すのに腐りかけのリンゴを使うよう薦めましたが、今ではそんなことをしないでしょう。ダービーシャー州で、誰も悪血を出すためにヒイラギの枝でしもやけを文字通りに叩かなくなったのと同じです。

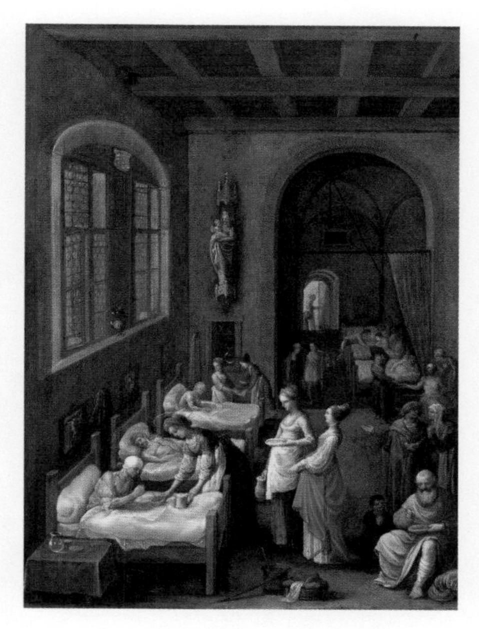

p.160　「プラン氏所蔵のヘラルト・ドウの絵を模した牛乳を注ぐ女」、17世紀中盤。
上　アダム・エルスハイマー画「入院患者に食べ物を与えるハンガリーの聖エルジェーベト」、1598年頃。

それでも民衆の記憶は強いもので、当時効き目があった治療法はまだ残っています。2021年、全世界の薬草療法業界は1,251億1,000万米ドルの規模があり、2029年までに3,475億米ドルに拡大すると見込まれているのです。1)

1) 2022年7月 Fortune Business Insights 発表、薬草療法市場・規模・シェア・Covid-19影響分析。

Eucalyptus Globulus Labillardière.

Eucalyptus ユーカリ属 *Eucalyptus*

ユーカリ属は原産国のオーストラリアでは国の大きなシンボルの1つであり、700種以上が知られます。高さ数メートルのものから、巨木となってシドニー郊外のブルー・マウンテンズをぼうっと輝かせるものまであります。

ユーカリの英語名Eucalyptusは、ギリシャ語のeu（よく）とkalyptos（覆われた）から来ています。花が開くまでは蓋に覆われているという珍しい特徴からついた名ですが、地元の先住民はその砂漠から山地までの生息地とサイズによって、様々に呼び分けます。大半のユーカリは皮が剥けたようなブルーグレイの樹皮で、長く丸まった樹皮片が剥がれると、色の薄い新しい部分が現れるので、見た目がまだらになります。時折赤い樹枝が染み出るため、「ゴムの木」という最も有名な別名がつきました。ユーカリ・ベルニコサ（*Eucalyptus vernicosa*）は灌木に分類されることも多い短小種ですが、対照的に、100を意味するセンチュリオンというあだ名を持つタスマニア南部のユーカリ・レグナンス（*Eucalyptus regnans*）は最も丈の高い種で、今のところ100.5mという世界最高記録の高さで花をつける木です。この種から採れる木材は「タスマニアン・オーク」という商品名で販売されていますが、コナラ属（オーク *Quercus*）とは何の関係もありません。

アボリジニの人々にとって、この魔法のような木はシェルターや薬を提供してくれるばかりでなく、乾燥地でもその根から水を与えてくれます。ユーカリ・ビミナリス（*Eucalyptus viminalis*）のリボン状の樹脂は聖書に出てくる食べ物マナを硬くしたような恵みの樹液で、甘くサクサクとして、何世紀も喜ばれてきました。この木が聖なる木、黄泉と地上と天国をつなぐ世界樹と考えられたのも驚くことではありません。ユーカリの葉を燃やすと刺激のある煙が出、負のエネルギーから空気を浄化するとされます。これは、1つには葉にある香油を含む腺のためで、このユーカリ・オイルは抽出して薬用にも商用にも多々用いられています。去痰剤として世界中で知られ、また蒸気と吸入して風邪や喘息の症状を緩和するのがその例です。ユーカリ材は長く硬く、船や電柱、塀、家具、線路の枕木にされます。一部の種は装飾的な合板や寄せ木細工に最適です。

他方、ユーカリは火事との不穏な関係があります。乾燥気候によく適応したため、ライフサイクルに山火事が組み込まれており、大半の競合種より再生が速いのです。このことが、ユーカリは火事を誘発して森から競合植物を焼き払うために、油分を進化させたのではないかという説につながりました。他にも不明な点はたくさんあります。近年、研究者たちはユーカリの根と葉に顕微鏡レベルの金を発見しました。ユーカリが金属を摂取し、それを毒だと判断して、葉から放出するプロセスを始めていたのです。ゴールドラッシュだと興奮するには少なすぎますが、地中深くにわずかに金塊があるのは確かでしょう。

p.162 ユーカリ・グロブルス（*Eucalyptus globulus*）。『ケーラーの薬用植物』より、1887年。

Rowan
ナナカマド属
Sorbus

ごつごつの岩山も這い上れることから、
時に「山の貴婦人」と呼ばれるナナカマド属は、
木々の中で最も魔法に近いものの1つです。

ナナカマド属はヨーロッパでも最も行きにくい場所に育ち、土のない割れ目や北極圏の気温でも生きられることから、どうやってその地に到達したのかという意味で「空飛ぶナナカマド」と呼ばれます。悪意を持って「魔女の木」とも呼ばれてきましたが、大半の伝承は「山のトネリコ」と誤って呼ばれることもあるこの木には守護の力があると考えています。北欧神話で、トール神は激流でナナカマドの枝をつかんで助かりましたし、北欧がキリスト教化されてからずっと後の何世紀間も、新しく建造する船には少なくとも1枚、ナナカマド材の厚板を使いました。しかし気をつけなければならないのは、アイスランドではナナカマドは誤って処刑された無実の人の墓のそばに生えると信じられていたことです。そういった木で作った板は船を沈めるかも知れず、小枝1本でも炉で燃やしてしまったら、一緒に火を囲んだ友だちと疎遠になる恐れがあるのです。

ケルト神話では、最初の女はナナカマドから作られたので(最初の男はトネリコ)、この木は芸術と癒やしと助産の女神ブリッド(ブリギッド)の木になりました。ブリッドは織物の女神でもあったため、糸紡ぎの道具・紡錘(つむ)や紡ぎ車は伝統的にナナカマド材で作るのです。

ナナカマド属の実は鮮やかな赤やオレンジの房になり、熟すのが遅いので、冬の間、鳥や動物の貴重な餌になります。小さな実の1つ1つに伝統的な幸運のしるし、五芒星に似た星形の割れ目がついています。ナナカマドの枝は、赤ちゃんの揺りかごから棺まで何でも守ってくれ、牛を守るために角に浸けることもありました。今日でも、特にスコットランドでは、ナナカマド属の木を植えるのは縁起がいいとされていますが、切るのは極めて不吉なことです。この木も妖精の木と考えられているからではないでしょうか。妖精は、ポケットにナナカマドの実を入れている子どもにはとても親切だそうです。真夏が近づいたら、小枝を身につけておくのが賢明でした。うっかり妖精の輪に足を踏み入れた時に、逃げ出す助けになるからです。

ナナカマドの実は、肉やジビエと一緒に食べるゼリーにすることでよく知られています。ビタミンCが豊富で、民間療法で壊血病に効くと評価されているのはこのためでしょう。また、下痢止めや喉が腫れた時のうがい薬、痔の軟膏にもいいとされていました。それでも、大半の人にとって、ナナカマド属は澄んだ青空に映えて輝くような赤い実の、晩秋のシンボルではないでしょうか。

p.165 セイヨウナナカマド(*Sorbus aucuparia*)。マチュー・ルクレール・ドゥ・サブロン『我が国の花・有用植物、有害植物』より、1892年。

SORBUS AUCUPARIA. L
Der Vogelbeerbaum.

Chapter 9

The Dark Mirror

第9章 魔鏡

旅人は明るい日の光の下から森へ足を踏み入れます。

たちまち、影が湧き立つように感じられ、

ぼうっと忍び寄ってきて、光をぼやけさせ、

何かその中にいるものの姿を、望みもしないのに

浮き上がらせるのです。

旅人は誰かに「見られている」ように感じます。

幽霊や変身する妖怪、精霊、

そして異界への入り口といったうろ覚えの物語が、

心の中で渦巻きます。

不幸の木が生え、呪いをかけられた者が囁く暗い森を、

異形の者がうろつくそうです。

こんな森では、もしかしたら簡単に、

永遠に道に迷ったかもしれません。

呪いの森や奇妙な林での出来事の物語が世界中にあるのは、
驚くに当たりません。しばしば邪悪だと言われますが、
森の「悪い精」は普通、
してあげたのと同じだけ、いいことをしてくれるものなのです。

スカンジナビアの森は、トロールや魔女、狼人間、巨人たち魔物で一杯です。古ノルウェー語で「隠れた」を意味する*huldr*から来たフルドレフォルク(*huldrefolk*)「超自然の生き物」という言葉は、しばしば森の精霊を指します。スコーグスローには多くの名前があり、通常は危険な女の精霊のことで、主にスウェーデン、他にデンマークやフィンランドやノルウェーの森にも現れることがあります。スコーグスローは美人かどうかはともかく、上半身は女性のようです。ところが下半身は腐りかけた木の幹、毛むくじゃらの脚、割れた蹄、牛の尻尾など何でもありです。真鍮のスキーを履いていることもあります。スコーグスローは旅人や炭焼きなど男性を誘惑し、満足すれば報いてくれますが逆らえば罰を与えます。しかし全体として、人間が彼女と彼女の森に敬意を払えば、スコーグスローは危害を加えずいいことをしてくれるものでした。

スコーグスローは、メトサンペイット「森のカバー」と呼ばれる、森自身が侵入者の敵になるというスカンジナビア伝統の考え方が形になった存在です。人がメトサンペイットに立ち入るきっかけは、妖精の輪のようなものに入ってしまったから、あるいは単純に魔法の石や切り株などに躓いたからなどですが、立ち入ると、森で鳥の声や木々を渡る風が静まったり、突然悪意を感じたり、急に凍り付いたように声が出なくなったり動けなくなったり、助けてくれるかも知れない人に姿が見えなくなったり、といったような状況に陥ります。こんな状況から逃げ出し、またそもそも防ぐための方法はたくさんあり、おまじないや呪文、衣服をどれか裏表に着るなどのちょっと普段と違うふるまいで、魔物や精霊をまごつかせるのがいいようです。

世界の他の地域にも同じような感覚がありますが、その表現が異なります。木霊(こだま)は日本の古木の魂で、軽く中身の詰まった宝珠であることが多く、多くの森の精と同じように、接し方次第で悪意を持ったり善意を持ったりします。アニメ好きの人なら、こだまとは1997年の映画『もののけ姫』に登場した、悲しい目をした丸い精霊だと思うかも知れません。こんな可愛いものとは異なり、富士山の北麓にある青木ヶ原の樹海は、立ち入った人を迷わせてしまいます。火山灰の下に広がる広大な鉄鉱床がコンパスを狂わせるからだという人もいますが、この悲劇の森は自殺の名所として有名になりました。幽霊が叫んでいたという恐ろしい報告が、メンタルヘルスの分野で働く人の記録に深刻な問題として加わっていくだけです。

現在、どんどん都市化の進む世界にあっても、呪いの森の物語は、トロールや悪魔など古くからの物語とほとんど変わりません。1968年、ルーマニア軍の技術者は、トランシルヴァニア地方のホイア・バチュ(「呪いの森」)の上にUFOと思われるものが浮かんでいるのを撮影しました。

これは、昼間のテレビ番組「パラノーマル」のドキュメンタリーで、この森の霧と奇怪に捻れた木々に新たな役割を与えることになります。目撃現場となった円く開けた場所は異次元への入り口だという主張は、伝説というものが今も形を変えつつ続いていることを証明しました。この見えない門を偶然くぐってしまった人は二度と帰ってこない、何年も経って帰ってきた人はその間の記憶を失っているなど、人々の運命は、昔うっかり妖精の輪に足を踏み入れ、妖精の国に来てしまった人の

右 3本のブナとオーク。ダービーシャー州ピーク地区の夜の森で照らし出される。
ジャスパー・グッドール撮影。

物語と何も変わりません。

しかし、森に呪いをかける不思議な存在が大きな謎でも何でもなく、実は人間であるのもよくあることです。ドン・フリアン・サンタナ・バレラが、溺死した少女の記念に、メキシコのラス・ムニェーカス島の木にたまたま見つけた人形をかけたのがその好例です。彼はその女の子を忘れられず、1つずつが人間の魂を表すと考えて人形をもっと森に吊すようになったと伝わります。彼は2001年に亡くなるまで、50年以上も人形を集め続けました。今では、島はホラーのような観光名所になっています。人形の多くは目や手足が取れ、見る人によって邪悪だともお守りだとも受け止められているのです。

1本1本の木が完全に邪悪だと見なされることはほとんどありません。イチイ属（*Taxus*）やブラックソーン（スピノサスモモ、*Prunus spinosa*）など「弔いの木」「魔女の木」とされる木でさえ守護的な性質を持ち、キリスト教が伝来したために評判が悪くなっただけのことが多いのです。しかし、ある植物だけは弁解のしようがないでしょう。ユーフォルビア・クプラリス（*Euphorbia cupularis*）は、アフリカ全域で「死人の木」と呼ばれています。極めて毒性が高く、樹液は燃えやすい上、刺激のある蒸気を放散するからで、ズールー神話ではウンドレベと呼ばれ、密かに毒薬や呪符を作るウムタカティ「魔術師」が使います。それでも、伝説によれば有毒になるのは木が害を受けた時だけで、外皮を破られると有毒な樹液を流すのだそうです。

スカンジナビアのスコーグスローや日本の木霊のように、死者の木も敬意を持って扱われれば人間を害することはありません。神話や伝説に隠された多くの民俗的メッセージは、森に対して今日の私たちが持つ、もっと大きく幅広い環境上の信念と一致しているのです。

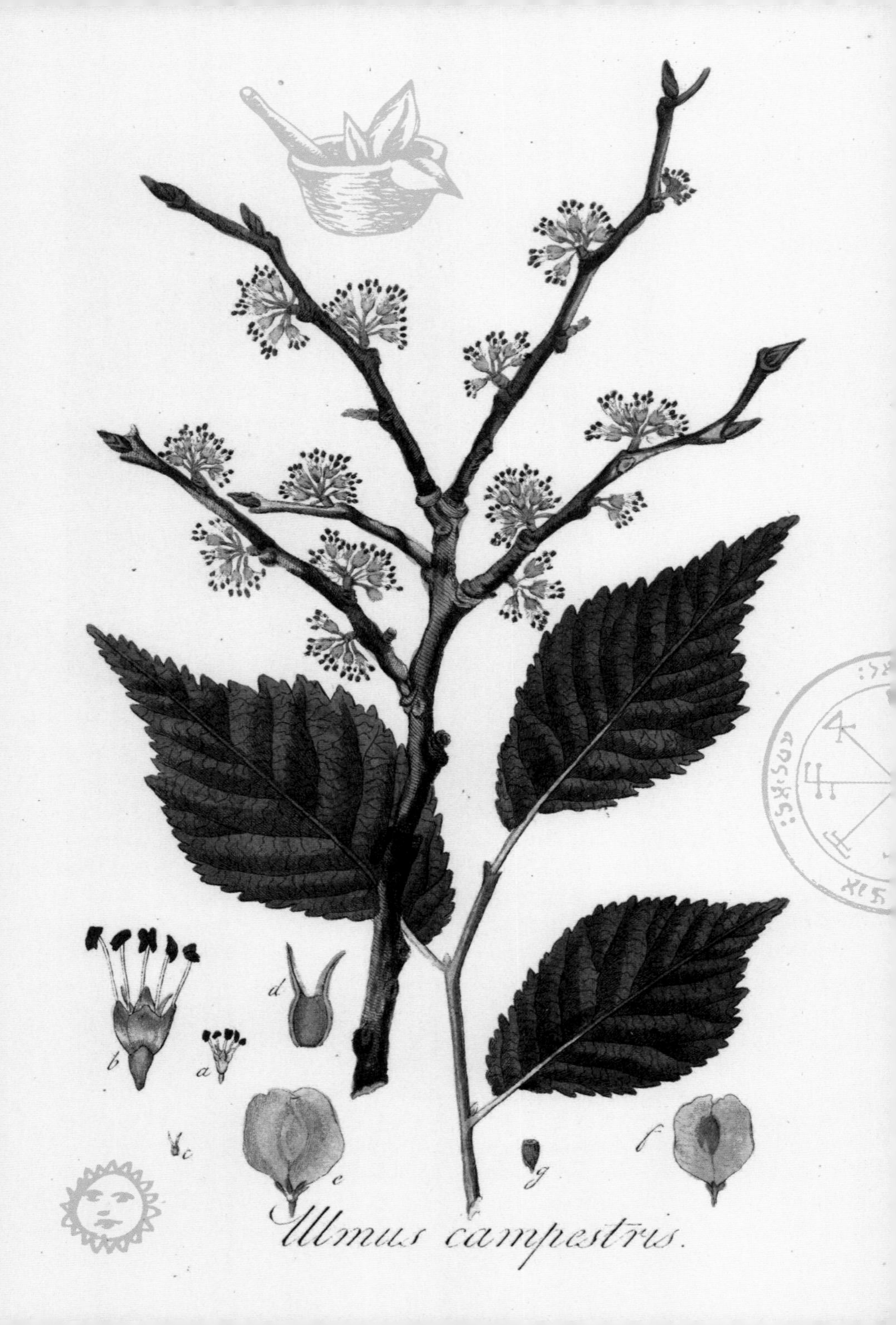
d
b
a
c
e
g
f
Ulmus campestris.

Elm ニレ属 *Ulmus*

今日、成熟したニレ属の木は稀です。1970年代に猛威を振るった
ニレ立枯病の流行を逃れた小さなエアポケットのような地にしか見られません。
しかし、このエレガントな木はかつてはごく一般的で、
イングランドでは「ウォリックシャーのやせっぽち」と呼ばれていました。

木が甲虫の広げる菌に感染して時々枯れることが死と結びつけられただろうと考えるのは、恨めしくも妥当でしょう。古代ギリシャの神話で、竪琴の名手オルペウスは、冥界の神ハーデースのところから妻を取り戻すことに失敗し、絶望して竪琴を奏でました。するとニレの木が生えて育ち、彼の嘆きの神殿になったのです。後の物語は伝説を混同し、ニレは夢の神モルペウスの木になりました。その下で眠る者は長く悪夢を見るようになるということです。

ローマ人もこの考えを受け継ぎ、ニレ属を弔いの木と見なしました。イギリスではよく棺に使われる木になりましたが、おそらく耐水性によるものでしょう。ニレ属は自然に捻れるため建材には向きませんが、湿った、あるいは濡れている環境にも耐えるので、水道管や橋の基礎、車輪、船には理想的です。ニレ材で作った小物、たとえばチーズ作りの桶や押し型、型なども長持ちします。

ヨーロッパで一般的な種の1つ、セイヨウハルニレ（*Ulmus glabra*）は、英語でwych elmという名前ですが魔女(witch)とは関係ありません。よくしなる柔軟性が知られています。実際、魔女はニレ属の木を避けると言われてきましたが、それが、女はニレから、男はトネリコから創られたという北欧神話と関係があるかどうかは議論の分かれるところです。

ニレ材のわずかな曲がりは、そのしなやかさと相まって、小屋を作る大工は屋根の梁に使い、中世ウェールズの射手はロングボー（長弓）にしました。イングランドの射手はイチイを絶対視したものですが。染物屋はニレ属の生み出す黄色を称賛し、薬剤師は風邪薬、ノド薬、火傷薬としてニレ属の樹皮のトニックを作りました。

チャンネル諸島ではニレ属の葉が見えている間に大麦を蒔けば安心とされた一方、ミッドランズ地方ではソラマメの植え付けはニレ属の葉がオールド・ペニー銅貨より大きくなる前です。

ニレ属は森の木ではありません。一番よく見られるのは生け垣です。高さ30m、樹齢は100年にもなりますが、そこまで達するのは稀です。若枝がある程度育ったら、たちまち病害が襲うからです。病害は何千本ものニレ属を枯らしました。その中には、有名なデヴォン州の踊るニレや、「ロンドンの肺」と呼ばれたハイドパークの3本の古木もありました。この3本のニレは大変愛されていたので、1851年、ロンドン万博のあの水晶宮（クリスタル・パレス）が3本を設計デザインに取り込んでいたほどでした。

p.170 セイヨウハルニレ（*Ulmus glabra*）。
ヤン・コプス『オランダの植物』より、1822年。

Common Alder
コモン・アルダー、ハンノキ
Alnus glutinosa

カバノキ科（Betulaceae）に属するアルダーは湿地を好む木で、
その木材も水没への高い耐性があります。日記著述家で樹木愛好家の
ジョン・イーヴリンは、1664年の主著『シルヴァ』で、
ヴェネツィアのリアルト橋がアルダーの橋脚で支えられていると書いています。

古代ギリシャ神話で、太陽神ヘーリオスの５人娘ヘーリアデスは、兄のパエトーンの死に打ちひしがれました。パエトーンは父の馬車で天を駆けようとして、失敗して死んだのです。４ヶ月の服喪が過ぎると、父神は娘たちを憐れみ、琥珀をしみ出させる木に変えました。これがアルダーだという言い伝えもありますし、ポプラだとも言われます。神話は正確な科学ではないのです。

ケルト人にとって、アルダーは男女のバランスのシンボルでした。中国哲学の陰と陽のようなものです。これは主に、アルダーが雌雄同株で、垂れ下がる黄色い尾状花序の雄花と緑の円錐形の雌花を同じ枝につけるからでしょう。アイルランド民話では、最初の男はアルダーから創られたようですが、この木は妖精と関連付けられることの方が多いのです。アルダーに斧を振り下ろした者には不幸が襲います。木が傷つけられて真っ白から真紅に変わっただけでも、妖精は切り倒した者の家を火事にしてしまうでしょう。

しかし、アルダー材は実際上もスピリチュアルな面でも極めて有用なので、これは残念な話です。切った時に見られる鮮やかな色のためでしょうか、アルダーは戦争や死と結びつけられ、盾にされることがありました。敵の戦闘用斧がその柔らかい木材に食い込み、抜けにくくなるので、盾を持つ者の方が有利になるのです。沼地のようなアルダーの森はカーと呼ばれ、精霊のいる謎めいた場所と考えられましたが、この木に復活のイメージがあったからだけではありません。オーストリアでは、アルダー材が死者を蘇らせることすらできると考えられていたのです。

アルダー材はどうしても湿気を帯びるもの、たとえばミルク桶や水を通す管、湿地の木道などに向きました。実際、アルダー材は濡らしておかなければ長持ちしません。逆にすぐに使うなら、よい炭や火薬になったので、家の近くの雑木林に好まれました。イギリスやノルマンディーなど多くの地方では、アルダーは木靴や靴のヒールにも用いられました。ジョン・イーヴリンは、アルダーの葉をかかとに貼ると、歩き疲れた旅人に元気が出るのではと書いています。

アルダーの花は染色で緑を染めるのに便利で、その実と樹皮からは、研究者がインクを作ったことがあります。イングランドのピーク地区では、アルダーは伝統的な春の装飾であるウェル・ドレッシングに使います。また、「黒いこぶ」と呼ばれる雌花をポケットに入れておけば、きっとリューマチにかからないともいわれています。

p.173 アルダー（*Alnus glutinosa*）。
ヤン・コプス『オランダの植物』より、1822年。

B
A
C
f
g
a
i
h
e
d
c
b
Alnus glutinosa.

森のプール

アメリカ、フィラデルフィアのデヴィルズ・プールは、
多くの人が森の湖といえばこんな風だと思うような所です。
北米先住民のレナペの人々によると、グレート・スピリット（偉大なる霊）が
悪霊に巨大な丸い岩を投げつけました。
落ちた岩は今もウィサヒコン渓谷の森の奥深く、湖に張り出す形で残っています。

デヴィルズ・プールは天然の湖ですが、すべての森の湖がそうではありません。たとえばイギリスのオルベリーにあるサイレント・プールは、おそらく古い石灰石の採掘跡です。伝説によると、木樵の娘が水浴していた時、好色な貴族の男が突然現れました。男が湖に入ってきたので、娘はどんどん深みへと逃げます。木樵が湖に浮かぶ我が子の遺体を発見した時、男の帽子もありました。帽子は、昔からの民話の悪党、ジョン悪王子のものだったのです。

森の中のプールはしばしば女性と結びつけられます。その女性たちは、木樵の娘のように気の毒な被害者のこともあれば、古代ギリシャの川や泉の精ナーイアスのこともあれば、恐ろしい怪物のこともあります。怪物は、スラヴ神話の恐ろしいルサールカのように、しばしば最初は無邪気に現れます。ルサールカは、元は溺死した処女や洗礼を受ける前に死んだ子どもで、新たな姿を取ると、自分を虐げた夫や不実な恋人を水中の墓へと誘い込むのです。しかし、危険な精霊がすべて女性だとは限りません。ノルウェーでは、あれこれ姿を変える水の精ノッケンは池や川に住み、白馬や見目麗しい若者の姿で現れて、洗礼を受けていない子どもや妊婦を死へと誘います。

ヒンドゥー神話では、流水は神のもので神聖ですが、静水は魔物の側です。それほど一般的ではないものの、この認識は世界の他の民話にも見られます。静水は澱んで虫や病気を招くことがあるためか、森の中の沼沢は自然の魔物の棲家だと感じられました。オーストラリアのアボリジニの伝説に登場する人食いの怪物バニップなどがそうです。浄水場がない時代、流水は安全な飲み水で、精神的な純粋性のシンボルでもあったのです。水の湧き出す池やいつも姿を変える水は魔法のようで、ケルト人は貴重な捧げ物を投げ入れていました。今でも多くの人が幸運を願って水中にコインを投げ入れます。流水は、吸血鬼や魔女や幽霊が渡れない境界でもあったのです。

泉や池、湖にはそれぞれ神が決まっており、後に宗教体系に組み入れられました。たとえばサマセット州バースの温泉は、ケルトの女神スリス、すなわち後年ローマ人がまとめ直したスリス・ミネルヴァの聖所でした。しかしキリスト教はすべてを一掃し、異教の神々に捧げられた神聖な泉を、キリスト教の聖なる存在にしてしまったのです。多くの水場が「神の母の」水として聖母マリアに捧げられました。他の守り役は様々な聖人に割り振られ、多くは水による癒やしも与えました。

冒頭のグレート・スピリットがデヴィルズ・プールに投げつけた岩は、今も落ちたところにありますが、悲しいことに、悪霊は不届きな観光客が残したゴミの中で生きているそうです。もしかしたら、私たち自身が最悪の怪物なのかも知れません。

p.175 ユベール・ロベール画「プールでの水浴」。1777年頃。

Groningen, J.B. Wolters.

Chromolith. v. Emrik & Binger.

TAXUS BACCATA VAR. FASTIGIATA Loud.

Yew

ヨーロッパイチイ

Taxus baccata

イチイは謎の木です。何と言っても、樹齢を判断する方法がないのです。名前も変わっています。ジョンソン博士は、英語名はアングロサクソン語の*iw*かウェールズ語の*yw*から来たのでは、と考えました。*yw*であれば、ケルト語名を持つ唯一のイギリスの木ということになります。

うっそうと広がる有毒のこの木は、古代から死と結びつけられてきました。古代ギリシャ人とローマ人は、イチイ属を弔いの木と見なしていました。墓や墓地の門に生え、入り口と魔術と月の女神ヘカテの神木とされたのです。この木のほぼすべてが有毒です。ユリウス・カエサルは、自分の侵略したバスク、ゴール、ゲルマニアでは、人々がイチイの毒で自殺したり、愛する者を苦痛や処刑の汚名にさらすより安楽死させたりすると書き残しました。

その後も、イチイ属の葉はヨーロッパ全体、特にケルト信仰のある地域で葬儀に用いられました。しかし、ドルイドはこの最も神聖な木に最も明るい面を見出しました。イチイ属は四方に分枝する習性があり、下に垂れ下がった枝が地面に触れるとそこで根付くことから、永遠の生命を表すと考えたのです。

それでも、民衆の記憶は何世紀にもわたり、イチイの木の下で眠ると死ぬ恐れがあると伝えてきました。木の影でさえ危険だというのですが、スペインのカンタブリア山脈では、イチイは雷雨を退けると考えられました。羊飼いは木の中に小屋を建て、イチイの枝を編んで垣根を作り、イチイ材で鳴子やカウベルを作りました。その毒性さえ活かして、病気の家畜の堕胎薬に使ったのです。別の場合には同じ毒性をもっと邪悪な目的で、毒薬の成分として使いました。マクベスの３人の魔女が、その煮え立つ大釜に「イチイの小枝、月食の間に切り取ったやつ」を投げ入れるのをご存じの方も多いでしょう。

教会墓地のイチイ属の木はキリスト教以前からのもので、一部の教会は盛んだった異教の聖地に建てられたとよく言われます。死に装束の中にイチイの枝を入れる慣習も、古代の信仰から受け継がれているのではないでしょうか。しかし、イチイ属の根が遺体に伸びるとか、朽ちていく遺体から有毒な排出物を吸い上げるなどという古い俗信は、あまり正しくなさそうです。別の人々は、教会墓地のイチイが生き延びたのは単なる幸運ではないかと考えています。聖域外のイチイは、中世に最も強力だった武器、ロングボー（長弓）を作るために何千本と切り倒されてしまったからです。

p.176 ヨーロッパイチイ（*Taxus baccata*）。
コルネリス・アントニー・ヤン・アブラハム・アウデマンス『オランダの植物園』1865年。

オークの森が造船のために切り払われたように、百年戦争の戦乱の中、木目の密なイチイ属の木材は、膨大な量が全ヨーロッパで恐れられたイングランドのロングボーになりました。1349年、エドワード3世は、壮健な男は全員、サッカーや闘鶏に耽らず、弓射を学んで訓練しなければならないとお触れを出しました。ヘンリー8世は1511年、この法律を強化し、男は全員ロングボーを練習し、自宅に常に弓矢を備えていなければならないと定めます。これはつまり大量のイチイ材が要るということで、火器の登場で弓射が廃れてからも、17世紀の日記著述家ジョン・イーヴリンはイチイの森の縮小を心配していました。

幸い、装飾庭園にはイチイ属を植えないというローマ人から始まった古代の迷信は変化していきました。何より、イチイは密生する上、古木から新しく若木を出せるので、イチイの生け垣は様式的な境界や迷路やトピアリーを作るのにぴったりだったのです。

世界でも並外れた古木の一部はイチイ属ですが、どれくらい古いのかはわかりません。イギリスでは、スコットランドのパースシャー州の教会墓地にあるフォーティンゴールのイチイがとても古く、地元の伝説が、イエス・キリストを十字架刑に処したポンテオ・ピラトがフォーティンゴール生まれで、この木の下で遊んだと主張するほどです。この木の樹齢はわかりませんが、この村がなぜキリストの運命に関わったことで有名なローマの総督と縁を持ちたかったのか、理由がさっぱりわかりません。ペンブルックシャー州ネヴァーンの「血のイチイ」は、イエスの十字架刑に同情して血を流す（実際には変則的な赤い樹液を出す）と言われますが、そうではなく無実の修道僧の絞首刑を悼んでいるのだと言う人もいます。また、ウェスト・サセックス州キングリー・ヴェイルの広大なイチイの森にある、節くれ立った巨木の樹齢がどれくらいなのかもわかりません。ここの比較的若いイチイでも、驚くほど時を経て見えるのです。問題は、イチイ属の再生の方法にあります。分枝を伸ばして根付き、古い方の幹は朽ちるに任せるからです。古い幹の芯は空洞になり、樹木の年代を調べる研究者が数えるべき年輪が残りません。

スノット・ゴブル、スノッティ・ゴグ、スノッターベリー（いずれも「鼻水すすり」の意味）などは、イチイ属の鮮やかな赤い実につけられた鼻水にまつわる何十もの民間名のごく一部です。つやつやと肉厚な果肉は、イチイで唯一ほとんど無毒な部分ですが、おいしいものではありません。ギリシャの医師ディオスコリデスは、イチイの実は人間に下痢を起こさせるものの、実を食べて死ぬ鳥もあまりないと書き残しましたが、半ば間違っています。著述家のリチャード・ウィリアムソンは、キングリー・ヴェイルのイチイの森の監督官をしばらく務めた人で、ノハラツグミという鳥が大量のイチイの実を食べ、ついに30個ほども種を吐き出したのを観察したことを書いています。種は鳥の体内で都合よく発芽の準備ができ、多少の「肥料」までついて出てくるのです。それから、鳥は再び「激しい欲に駆られて」イチイの実を狂ったように食べ始め、仲間の鳥も「山のようなケーキとゼリーを目の前にした子どものように」加わってきます。そう、まさにイチイ属の木は私たち全員をとりこにするのです。

p.179 ヨーロッパイチイ（*Taxus baccata*）。
J.シュトゥルム、E.H.L.クラウゼ、G.ルッツ『ドイツの植物図説』、1900-07年。

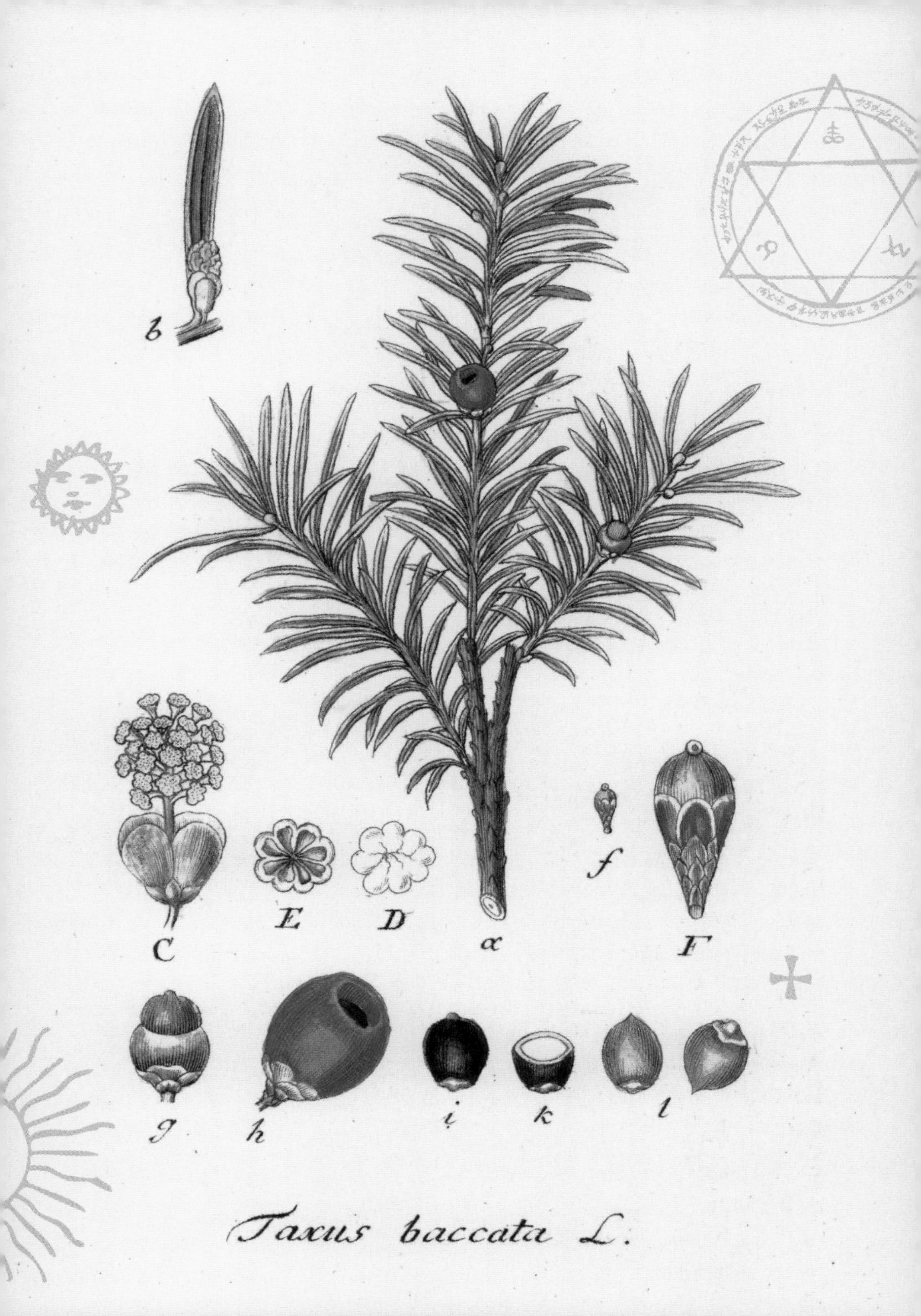
b
C
E
D
α
f
F
g
h
i
k
l
Taxus baccata L.

魔女の森

私たちのほとんどが最初に魔女を知るのはおとぎ話の森の中です。
最初は親切なお婆さんだったのに、
たちまち本性を現したのではないでしょうか。
歴史的に、魔術はキリスト教の教会の敵として、
実生活に入り込んだちゃちな悪党というイメージにつきまとわれてきました。

中世から近代初期のヨーロッパでは、魔術は、魔法で悪い結果を起こさせる呪術の同義語と考えられていました。世界の一部では現在でもそうです。多くの人がかつて、いえ、悲しいことに今でも、悪魔にそそのかされて魔術を使ったとして告発され、追放され、時には殺されることすらありました。しかし調べてみると、「本当の」話は、行われたことよりも語った人について、より多くを明らかにします。

たとえば、王の運命を、ロンドンの大火を、アルマダの海戦でのスペインの敗北を予言したとされる女予言者について、私たちは実際に何を知っているでしょうか？　アーシュラ・ソンタイルは1448年、激しい嵐の中、イングランドのナレスボロにある王家の森の洞窟で生まれました。未婚だった母親は父親を明かすことを拒否し、サタンが生ませた子だという噂が広まります。村八分にされたアーシュラは、トーマス・シプトンと結婚する前に薬草の使い方を学びましたが、トーマスが自分と結婚するよう腹黒い呪いをかけたのだと咎められるばかりでした。噂は、数年後にトーマスが実際に結婚してからも止みません。当然のことながら、マザー・シプトンと呼ばれるようになったアーシュラは、森で世捨て人のように暮らします。しかし、彼女を馬鹿にした同じ人たちが、彼女に病気を治してもらうため、また彼女の予言を聞くために訪ねて来たのです。そんな彼らの誰よりも彼女の名前は長く世に残りました。

しかし次第に、魔術のイメージは「教会の敵」からよりニュートラルなものに変わっていきます。多くの場合、それを求めたのは民衆でした。ドイツのハルツの森は、世界で最も有名な魔女の祭りの1つ、「ワルプルギスの夜」が行われる所ですが、名前の元になった聖女とはほとんど関係がありません。聖ワルプルガの祭日は、人気のあった異教の祭り、ベルタン祭を置き換えようとしたものですが、単にお楽しみを取り込んだだけで、何世紀にもわたって魔女の祭りの夜の同義語になりました。それを不滅にしたのは詩人ゲーテの『ファウスト』の名場面です。ブロッケン山頂で魔女たちが踊る様子は、木版画や絵画にインスピレーションを与え、ロック・オペラにもなりました。この山の頂は、ブロッケン現象という不思議な光学現象でも有名です。山頂に立った人が見下ろすと、年間300日も森にまとわりつく霧を見ることになります。背後から太陽が照らすと、針葉樹と霧の織りなすスクリーンに、その人の影がぼうっと虹のように光りながら、不気味な巨人の影のように映し出されるのです。

p.181　1692年にマサチューセッツ州セイラムで処刑された魔女、サラ・"グラニー"・グッドの木版画、1892年。

И. БИЛИБИНЪ. 1900.

20世紀には、少なくともヨーロッパでは、魔術のあり方は和らぎました。言い伝えでは、1940年のラマス(収穫祭)・イヴの夜、ニュー・フォレストの森の奥深く、ネイキッド・マン(「裸男」)と呼ばれる古木に、魔女の一団が集まったそうです。深夜、彼女らは「グレート・サークル」を掲げ、アドルフ・ヒトラーをイギリスの海岸から遠ざけようと、彼の精神に全力で魔法の攻撃を仕掛けました。「力の円錐作戦」は、昔物語を現代に蘇らせたものだったのです。同じような話はサー・フランシス・ドレイクにもあり、プリマスのデヴィルズ・ポイントで、海の魔女と力を合わせてスペイン無敵艦隊を撃退したと言われます。また別の魔女の一群は、19世紀初めにナポレオン・ボナパルトを退散させたそうです。「ヤドリギ作戦」は1941年にサセックス州アッシュダウン・フォレストで行われた儀式の物語です。ドイツ軍首脳部はオカルトに関心を持っていたことが知られていたからです。

こういった儀式が実際に奏功したとはちょっと信じられませんが、魔術がどんな風に発展していったかよくわかります。恐れられる邪悪な呪いから、現世的・商業的利益をもたらす力になったのです。現代魔術の父と言われるジェラルド・ガードナーも、そういう話をしています。ガードナーは元公務員で、1930年代末にニュー・フォレストの魔法使い集団に加わり、ネオペイガニズム(復興異教主義)で最大の教派の1つ、ウィッカという宗教を立てて広めていきました。

現代の魔法使いたちも森で集会を開きます(他に互いの自宅などどこでも集まりますが)。それは当然の選択でしょう。森は自然界に精神を集中できる場所であり、大きな善を成す強力なツールとして宇宙エネルギーをコントロールできる場所でもあるのですから。彼らの「取引のツール」も樹木製です。しかし、中世の恐ろしいツールだったほうきの柄にまたがって空を飛ぶ魔女の木版画は、現代の誇大広告や釣り広告コピーのようなものだったのかもしれません。ほとんどの人が読み書きできなかった時代、版画家は、退屈な文章に刺激を加えるため、魔女や悪魔や悪魔の使いの猥褻な絵を多少取り入れました。しかし昔も、カバノキの枝を束ねてトネリコの柄に柳の樹皮で取り付けた伝統のほうきは、そんな用途でなく、今日魔法や儀式を行う前にセレモニー的にその場を掃除するのと同じように使われていた可能性の方が、ずっと高いでしょう。

魔法や占いに使われる短い魔法の杖は、それぞれの木の力に応じて様々な木の枝で作られてきました。伝統的に選ばれたのは、新たな生活の始まりについてならカバノキ属(*Betula*)、知恵を求めたいならハシバミ属(*Corylus*)、学びたいことがあるならニワトコ属(*Sambucus*)、魔法の力で守って欲しいならナナカマド属(*Sorbus*)でした。ブラックソーン(スピノサスモモ、*Prunus spinosa*)は死や荒廃と結びつけられることの方がずっと多かったようです。木と個人的に関わりを持つことは、杖を選ぶ上で何より重要で、関わりがあるならいっそ流木でも使うことができました。自分の魔法の杖は、木にふさわしい尊敬と感謝を捧げながら作らねばならないものだったのです。

p.182 バーバ・ヤガー。イヴァン・ビリビンによる『美女ヴァシリーサ』の挿画、1900年。

呪いの森

静まりかえった森の暗闇は飲み込まれそうな気がするほどです。
世界でも最もよく知られた霊や魔物の多くが森に住んでいるのも、
不思議ではありません。

ワイルドハント（森の狩猟団）は世界中に広く見られる物語のモチーフの1つです。多くの伝承は、ヨーロッパの大半の国にある森を抜けて幽霊の一団が追ってくる話を伝え、これらの霊は「怒りの軍勢」、「恐ろしい狩猟団」、「緑の追っ手」、「オースゴーシュライア（森の狩猟団）」などと呼ばれます。彼らは恐ろしい猟犬を連れて神話上の動物を追っており、首領は様々な伝説的人物や神です。北欧の主神オーディンであることもあれば、アイルランドの巨人フィオン・マクールであることもあり、ノルウェーの魔女ギューロ・リッセローヴァ、イギリスのアーサー王、自分の首を脇に抱えたデンマークの緑の追っ手グローンヴェルト、カタルーニャのアルナウ悪伯爵などが、身体を業火に焼かれながら永遠に馬を駆っているのです。こういったワイルドハントは災厄の前触れだと言う人もいます。出会った人間は目を合わせないよう注意しなければなりません。さもないと馬の蹄にかけられたり、狩りに巻き込まれたりするかも知れないのです。

世界中の無数の森は、昔も今も幽霊の巣です。ニュージャージー州パイン・バレンズの森は、250年以上も「ジャージーの悪魔」で知られてきました。翼を持ち、山羊の頭と蹄のある悪魔です。他方、レスター伯の最初の妻だったエイミー・ダドリーは、気の毒にも1560年に階段から謎の転落をし、首を折ってしまいましたが、今ではイングランドのオックスフォードシャー州ウィッチウッドの森に姿を現します。ダージリン近郊カーションのダウ・ヒルの森は高く直立する松と山の霧、不気味な静けさに覆われ、インドで最も呪われた山麓で、木樵たちは誰かに見られたり追跡されたりしている感覚をはっきり感じると言います。また、ヴィクトリア男子高等学校の森では、首のない少年とグレーの服の女性が、不自然な死を遂げたのか、居心地悪そうに座っているのが目撃され、休暇中には囁き声や足音がするそうです。トランシルヴァニアのホイア・バチュ（「呪いの森」）の少し開けた空間は異界への入り口で、入った者は誰も戻ってきません。

日本の「八幡の藪知らず」（千葉県）は人が神隠しに遭うことで有名で、モウソウチク（*Phyllostachys edulis*）の小さな森は迷路や迷宮の同義語となりました。なぜなのか、諸説入り乱れています。武士の霊の仕業か？ 森に底なし沼があって有毒ガスを発しているのか、それともキツネの霊が憑いているのか？ いずれにせよ、これらの説は真剣に受け止められているので、神域は厳しく隔てられ、立ち入りは厳重に禁じられています。

p.185 ヴァージニア・フランシス・スターレット『フランスの古いおとぎ話』の挿画。1919年。

上 姿を変えることのできるスラヴ神話の森の神レーシー。

精霊は全般に、世界中の森に出現します。人間のような姿ですが変身もできるスラヴ神話のレーシーがそうで、人間の森への態度によって邪悪にもなれば寛大にもなります。タイのナンタニは野生のバナナの木立に現れる若い女の精霊です。満月の夜に宙に浮いているところを目撃されることが最も多く、肌は薄い緑で、下半身はぼんやり消えています。

個々の木が幽霊の棲家とされることもあります。サリー州ケイタラムの樹齢250年にもなるスギの巨木は魔女の処刑場と言われ、お喋りしながら木の下を通り過ぎる人間を呪っていたそうです。その後、この木には他に少女と修道女、修道僧の霊が住み着きました。今も、ここを通る時には、彼らの仲間になってしまわないよう息を止める人があります。

しかし何と言っても、最も悲惨なのは富士山の北西山麓に広がる青木ヶ原樹海でしょう。この森は1950年代以来、500人以上もの自殺の悲劇の現場となりました。地下にある広大な鉄鉱床がコンパスを狂わせ、道を誤って迷わせるのだと言う人もありますが、夜を通して、死者の霊の囁く声が聞こえるそうです。

呪いの森と幽霊の森（ghost forest）を混同してはいけません。幽霊の森の方は科学用語で、海面上昇により塩分で白く骸骨のように立ち枯れた森の一角を言います。樹皮の剥げた木々が新しくできた塩水の湿地から突っ立っていますが、さらに海面が上昇するといずれ海になるでしょう。海岸の森が塩水の湿地に変わるのは自然のプロセスであり、自然界の生物の生息地になると同時に海岸浸食の緩衝地にもなりますが、現在、幽霊の森が出現するスピードは、どんな悪魔やゴブリンや幽霊の民話より心配に思えます。アメリカの研究で、大西洋岸にはかつて森だった塩水の湿地が広がっていることが判明していますが、幽霊の森は今やメキシコやベトナム、バングラデシュ、イタリアなど、世界の低地すべてを脅かしているのです。

浸食の進展度合いは気候パターンによりますが、ハリケーンや干ばつ、森林火災、そして人間の行為などすべてがそれぞれに被害を招きます。研究者たちは、これが将来私たちにどんな影響を及ぼすか、具体的に示そうと作業を続けています。

Chapter 10

Trees of Hope

第10章 希望の樹

ハトがオリーヴの小枝をノアに持ち帰ったその瞬間、

洪水は既に収まり、

神が人類の過ちを許したもうたことが明らかになりました。

樹木は再生と復活と忍耐のシンボルになったのです。

現代社会が戦争や疫病や気候変動を招いても、

木々は変わることなく、

この不確実な世界で力強い希望のお守りであり続けています。

アメリカ西部の山岳地帯に見られるマツの1種、
ピナス・ロンガエヴァ(*Pinus longaeva*)は節くれ立って捻れ、
「生き延びる」という言葉を身をもって示しています。

その中でプロメテウスと呼ばれる最古の1本は樹齢4,500年を超えていますが、ある意味でこれらの木々は常に「耐える」ことの意味を教えてくれます。ずっと若い他の木々も悠久の時を経てなおしっかりとして、困難な時も生き延びてきたのだと強い印象を与えるのです。

そういった困難は自然から受けることもあります。森林火災、落雷、暴風雨が毎年何千という木々を打ち倒します。それに対し、あるものは風圧や乾燥に負けまいと特に深く根を伸ばし、熱波に耐える樹脂の多い樹皮を持ち、天災後に素早く再生したり種を蒔いたりします。またあるものはほとんど奇跡のような力で災害を生き延びます。たとえばニレ属やトネリコ属には、ニレ立枯病やトネリコ立枯病への自然免疫を示す個体があるのです。しかし他の個体は、自然の防風林や、イングランドのブライトンにあるニレ希少種の優れた林のように、人間の助けで苦労して健全性を守ってきました。

気候変動と森林伐採は何百という種の絶滅をもたらしましたが、それでもなお希望があります。極めて珍しいウォレマイ・パイン(*Wollemia nobilis*)は200万年も前に絶滅したと考えられていましたが、1994年、オーストラリアのブルー・マウンテンズで小さな群落が発見されました。もちろん非常に危惧される状態で、判明しているのはウォレマイ国立公園内の秘密の砂岩の森に隠されたたった100本だけです。それでも生き延びていたことは嬉しいニュースでした。

特に感動的なのは、文字通り人間が浴びせた災厄を生き延びてくれた木々です。1945年、破滅的な原子爆弾が広島に落とされた後、爆心地からわずか1kmにあったイチョウ(*Ginkgo biloba*)が真っ先に新芽を出しました。それぞれの被爆樹木には説明札がつけられ、最悪の時代の新しい希望のシンボルとして、今も尊ばれています。

同じような奇跡では、オクラホマ・シティ連邦政府ビル駐車場のアメリカニレ(*Ulmus americana*)があります。

1995年4月19日の爆破事件で、168名の犠牲者とともにこの木も死んだと思われました。多くの枝が吹き飛ばされ、幹には無数の破片と黒い燃えかすが突き刺さったのです。それでも木は生

上 洪水の後、ハトはオリーヴの葉をくわえてノアの方舟に戻ってきた。メアリー・A.ラスバリー『子どものための聖書物語』の挿画、1898年。

右 2018年、ニューヨーク市の世界貿易センタービル跡地で花を咲かせた「サバイバー・ツリー」。

き延び、新芽を伸ばして、今なお嘆きの街に勇気の源となってくれています。もっと最近では、世界貿易センターのマメナシ（*Pyrus calleryana*）も生き延びました。2001年の同時多発テロで酷く焼け焦げた株となり、ビル残骸の後片付けの作業員によって掘り起こされたのです。生きていたのは枝1本だけでしたが、恐怖に包まれていたアメリカは木が生き延びたことを非常に重く受けとめました。傷ついた木はブロンクスのアーサー・ロス種苗場に持ち込まれ、集中治療を受けて、2010年12月、ナショナル・セプテンバー11メモリアル＆ミュージアムの一部としてマンハッタンに戻されたのです。これらの記念すべき木々はいずれも種や挿し木にできる枝をつけ、各国間の平和の大使として世界中に贈られました。

1918年、イギリス政府は『戦争記念街路』という冊子を発行しました。第1次世界大戦の死者を永遠に記念するため、「特に尊厳と美しさを持つ」木を植樹して、幹線道路を改良しようという提案です。この案はカナダ、アメリカ、オーストラリア、ニュージーランド、アイルランドにも広まり、記念広場や樹木園がこの施策を継続しています。近年、花崗岩の墓石に代わって樹木が選ばれることが増えましたが、冷たい石よりも生きているものの方が多くの喜びをもたらしてくれるからでしょうか。

時には、木の記念として木を植えることもあります。ロンドンのチャリングクロス駅の外に、1本のヨーロッパナラ（*Quercus robur*）が立っています。樹齢は約35年ですが、まだ若木の部類で、立ち止まって説明札を見る人もほとんどありません。1987年10月16日、ザ・グレート・ストーム（大嵐）の夜、18名がここで命を落としました。昼間だったら犠牲者はもっと多かったでしょう。しかしイギリスは1,500万本の木が伐採される世界を自覚し、大嵐記念樹を植えて追悼したのです。

これらの物語は神話や民話にほとんど関係ないように思われるかも知れませんが、生きた伝説と呼べるのではないでしょうか。記憶されるそれぞれの出来事は、人々が生の熱い感情を込めて語り継ぎ、紡いでいく物語の一部になっていきます。

木を植えることは楽観の表れです。私たちが生まれて育ち、老いて死んでいく間に、木々は成木にすらならないかも知れません。私たちは大切な出来事を記念して植樹します。ロシアの宇宙船ソユーズのクルーは、先輩のユーリイ・ガガーリンがしたように、毎回宇宙に旅立つ前にモスクワの「宇宙飛行士通り」に1本の若木を植えていくのです。

Birch カバノキ属 *Betula*

多くの人が、カバノキ属は、最後の氷河期の氷河が後退してから、
新しく現れた地面にパイオニアとして最初に根付いた樹種の1つだと考えています。
そして今でも、処女地に最初に根を下ろし、
新たな森の訪れを告げることが多いのです。

カバノキは中世初期のオガム文字の最初の文字で、数字の「1」を表します。赤ちゃんの揺りかごは伝統的にカバノキ材で作られました。一部の伝承では死と結びつけられることもありますが、それは再生も表しているようです。シベリアでは、死に装束と墓は悪霊を追い出すためにカバノキの枝でブラシをかけました。カバノキを墓の傍らに挿し木することもありました。

樹高はずっと小さいままです。キリストを鞭打つのに使われた恥ずかしさを乗り越えられないからだそうです。その後、「カバノキを食らう」は、学校に通う子どもや犯罪者、「狂人」が体罰を受ける意味になりました。鞭にする棒は必ずしも厳密にカバノキ属とは限らず、柔軟で皮を剥いた枝ならいろいろ使われました。ハシバミ属は最も痛かったようです。しかし、スカンジナビアでは、サウナの最中にカバノキの枝で血行を刺激します。

聖霊降臨祭にカバノキ属の枝で教会を飾る伝統は、かつてイギリスに広く見られましたが、理由は分かりません。この記録の1つ、政治評論家フィリップ・スタブズの1583年の『虐待の分析』には、カバノキの枝を採りに行った若い男女が「お楽しみの一夜」を過ごしてから、何食わぬ顔で枝を持って教会に帰ってきた話がありました。著述家・植物学者のロイ・ヴィッカリーは、カバノキで教会を飾る習慣はたった1ヵ所、サマセット州フロムの洗礼者聖ヨハネ教会にしか残っていないと書いています。

カバノキ材は丈夫で多目的に使え、木目はまっすぐで硬いので、回して使う道具の柄やおもちゃ、ボビンに最適です。葉には利尿作用と防腐作用があると言われていました。また、葉と樹液は腎結石やリューマチ、痛風の治療に用いられ、筋肉痛には患部に樹皮を貼りました。カバノキで作ったお守りは、身につけた人を落雷、不妊症、毛虫の害、邪眼から守るとされました。

五月祭のメイポールは根ごと掘り上げたカバノキで作ることがよくありました。ロシアではカバノキ属の樹液を潤滑剤にし、樹皮は松明に使いました。森の魔女（白や銀の貴婦人と呼ばれることも）はヨーロッパ北部全域の民話に登場しますが、カバノキと結びつけられています。ある民話では、彼女は女羊飼いの気を逸らして仕事をさせず、3日間踊り続けさせたといいます。しかし最後には、娘はエプロン一杯のカバノキの葉をもらい、それは魔法で銀貨に変わったのでした。

カバノキ属の樹液から作るバーチ・ワインは現在スコットランドとロシアで人気再燃中で、インターネットにレシピのページがあります。

p.193 ヨーロッパダケカンバ（*Betula pubescens*）。ゲオルク・クリスティアン・エーダー『デンマーク植物誌』より、1794～9年。

The Giants
巨大になる木
セコイアデンドロン（*Sequoiadendron giganteum*）、セコイア（*Sequoia sempervirens*）

この２種はよく混同されますが、若干違います。
いずれにせよ畏怖や尊敬の念を抱かせますが、
多少汚いトリックもありました。

1852年、有名な植物ハンターのウィリアム・ロブは、サンフランシスコで帰国の荷造りをしながらある会議に出席しました。会議では、仲間のハンター、アルバート・ケロッグ博士が、新種の巨大な針葉樹を「発見した」A. T.ダウド氏という人物を紹介しました。ケロッグ博士は会議で、そのことをまもなく世界に発表すると報告します。他に彼がすべきことは、もう少し追加でサンプルを入手し、アメリカ初代大統領に敬意を表して「ワシントニア」という名前でその樹種を登録することだけでした。

ロブはすぐさま、出し抜く行動に出ます。ダウド氏の説明に従い、キャラヴェラスの森を見つけると、サンプルと種と幹の断面切片を集め、大急ぎでイギリスに持ち帰りました。そして1853年のクリスマス当日、ガーデナーズ・クロニクル誌は「ウィリアム・ロブ氏の新発見」を報じます。それはウェリントン公爵にちなんで「ウェリントニア」と命名されていました。

長年辛辣な言葉の応酬をした後、ラテン語の学名を*Sequoiadendron giganteum*とすることで論争は落ち着きました。しかし両国とも、一般名はそれぞれの名前を呼び続けています。

セコイアデンドロンは近種のセコイア（*Sequoia sempervirens*）とよく混同され、確かに双方は多くの共通点を持っています。わずかに茶色味のある特徴的な濃い赤の樹皮、やけっぱちに伸びたような天を突く高さだけでなく、どちらもカリフォルニア原産です。しかし、セコイアがカリフォルニア北部沿岸の海霧を好むのに対し、セコイアデンドロンはシエラネバダ山脈西麓の乾燥した暑さが適します。セコイアは樹齢2,000年に達することがあり、セコイアデンドロンより少し高くなる傾向がありますが、セコイアデンドロンは樹齢がより長く、体積もより大きくなるため、世界最大の木のタイトルは後者に渡りました。現在生きている木で世界最大なのは、セコイアデンドロンの「ジェネラル・シャーマン」で、高さ84m、重さは190万kgもあります。

北米先住民はこの２種の木について様々な物語を持っています。ある物語では、セコイアデンドロンは、すべての植物や動物が人間だった時代、創造主コヨーテの村の長老でした。トロワの伝説は世界の中心に巨大なセコイアデンドロンが立っていると伝え、トゥールリヴァーの人々はセコイアは最高の尊敬を受けて然るべき古老だと考えています。

p.194 セコイアデンドロン（*Sequoiadendron giganteum*）。エドワード・ジェイムズ・レイヴンズクロフト『英国の松』より、1863-84年。

セコイアの木材は家やカヌーになりました。葉は耳痛の湿布薬にされましたが、北米先住民は絶対に倒木や枯れた木しか使いませんでした。木を切ることは暴力行為だと考えられていたからです。これは入植者にはない考え方でした。大規模な伐採に加え、木へのひどすぎる暴力行為には、ヨセミテ国立公園のワウォナ・トンネルが挙げられます。1881年、観光客向けに幹を貫通させて道路を作ったもので、木は1969年に倒壊してしまいました。セコイア国立公園が創設されたのは1890年、生物保護のための最初の施設です。

今日、カリフォルニアの約8,100㎢のセコイアの天然林のうち、生き残るのは3～5%しかないと予想されています。

下 セコイアデンドロン（*Sequoiadendron giganteum*）の巨木のマリポサの森、カリフォルニア。マリアン・ノース画、1876年頃、
p.197 セコイアデンドロン（*Sequoiadendron giganteum*）。「カーティス・ボタニカル・マガジン」より、1854年。

Fitch del et lith　　Vincent Brooks Imp.

II, 1
131. Oleaceae.
1
2
3
4
5
6
7
8
9
10
A

Olive
オリーヴ
Olea europaea

海神ポセイドーンは女神アテーナーに戦いを挑みました。
賞品はギリシャ最大の都市、審判を下すのはその住民でした。
海神は住民に飲料水で満ちた広大な水路を贈りましたが、
アテーナーは人々が本当に望むものは何か知っていました。

戦いの女神は知恵の女神でもあったのです。アテーナーが地面を杖で打つと、そこからオリーヴの木が芽吹き、戦いは簡単に決着がつきました。感謝した住民は、自分たちの都市に女神にあやかってアテネと名前をつけました。またアテーナー神殿パンテオンにオリーヴオイルのランプを点し、境界はオリーヴの木で示しました。英雄ヘーラクレースはオリーヴ材の棍棒を振るい、それに力を込めました。

オリーヴはイランやシリア、パレスチナから北アフリカ、地中海低地地方へと約6,000年前に伝わり、これらの地域で最初の栽培樹種となりました。エジプトの墓からは種が見つかっています。

ギリシャ人はオリーヴを自分たちのものとして受け入れました。永遠の生命のシンボルとして、サルコファガスという大理石棺のそばに植えることもしています。オリーヴは最も寿命の長い木の1つで、オリーヴの成木の幹は1,500年以上も生きられるのです。聖書に出てくるゲッセマネの園のオリーヴの巨木たちは、キリストがそこを歩いていた時、既に樹齢200年だったと言われます。放射性炭素年代測定では最長でも樹齢1,200年ほどでしたが、とは言え、最も大きな5本は中空になっていて、測定不能なのです。

オリーヴはいつの時代も平和と結びついてきました。古代オリンピック競技会での勝者は、賞品にオリーヴの枝を与えられました（ライバルだったピューティア大祭での競技会は、競技者に月桂樹の葉を与えました）。ギリシャの農民は収穫の時にオリーヴの枝を1本燃やし、翌年の豊作を願いましたし、花嫁は純潔のシンボルにオリーヴの小枝を身につけました。ただ幸運や健康を願うだけでも、小枝を身につける人がいたのです。後にイタリアの農民に広まった迷信では、最初に目撃した熟したオリーヴの実の色で、翌年の運勢を判断していました。

ローマ人にとって、オリーヴはローマ神話でアテーナーに等しい女神ミネルヴァと、平和の女神パークスの神木でした。ちょっと変ですが、戦争の神マールスもオリーヴの枝と一緒に「平和をもたらす者」として描かれることがあります。

オリーヴは聖書の最初の書、「創世記」にも何度か登場します。最も有名なのは、大洪水の後、ノアが方舟からハトを飛ばして地面が現れたしるしを探させたことでしょう。ハトはついに、神の許しの象徴であるオリーヴの枝をくわえて帰ってきました。ユダヤ教の神殿ではオリーヴオイルでランプを点し、キリスト教でもパンとワインと水と並んで、聖別された油または香油は最も重要な象徴であり続けています。

p.198 オリーヴ（*Olea europaea*）。オットー・ヴィルヘルム・トーメ『ドイツの植物』より、1885年。

本書のサイズの紙幅では、樹木にまつわる民俗、医学、迷信、習慣などあらゆる面を網羅するのは不可能です。本書は本シリーズの前作以上に、民間伝承と木々を知る喜びの食前酒、沼への入り口となることだけを目指しました。

森と樹木について、民間伝承について、そして民間伝承と木についての本は何百とあります。1冊まるごとたった1つの樹種を語る本すらあります。私はそういった本や、何千もの雑誌・オンラインの記事を楽しんできましたが、非常に古めかしいウェブサイトの記事も多々ありました。ここで紹介するには多すぎますが、以下のものは非常に有益で、初歩の初歩として推奨できます。読者の皆さんが木の民俗というすばらしい底なし沼に飛び込んで楽しまれることを願っています。

私はルース・ビニーのファンで、特に彼女の「短い」本、*"The English Countryside"*（Rydon刊、2015年）や、*"Plant Lore and Legend: The Wisdom and Wonder of Plants and Flowers"*（Rydon刊、2016年）などが大好きです。

同様に、私はクリス・ホーキンズが執筆し、自ら出版するものなら何でも買います。彼の著書の多くは特定の木に的を絞ったもので、*"Rowan: Tree of Protection"*, *"Elder: Mother of Folklore"*, *"Holly: a Tree for All Seasons"*などが挙げられます。大半は絶版になっていますが、探す価値は大いにあります。

並外れた書き手、ロイ・ヴィッカリーは、植物の俗称について優れた本を書いています（トークも絶妙です）。*"Vickery's Folk Flora: An A-Z of the Folklore and Uses of British and Irish Plants"*（Weidenfeld and Nicolson刊、2019年）は、民俗学を語る人なら誰でも必携と言えるでしょう。

マーク・オックスブロウはスコットランド出身の民俗学者で、現在オーストラリアを拠点としています。私は絶えず彼の著作*"Halloween"*（Strega刊、2001年）や*"Rosslyn and the Grail"*（イアン・ロバートソンとの共著。Mainstream刊、2006年）に立ち返ることにしています。

チャールズ・M.スキナー・リッピンコットの1911年の作、*"Myths and Legends of Flowers"*は、今では白いカラスほど珍しくなりました。しかしプリント・オン・デマンドで見つかることがあり、世界の民話を網羅しています。

アイシー・セジウィックはいつも民話の味わいのあるファンタジーを書いてくれます。彼女の民俗学のブログは素晴らしいです。
www.icysedgwick.com/category/folklore/

ルーチャ・スターザには異教の魔術と現代のウィッカについての著書があり、人形（ひとがた）からロウソクの魔法まで取り上げています。彼女のブログ、A *Bad Witch*は、あらゆる形の民俗学や植物に関することなどを語ります。
www.badwitch.co.uk.

私は優れたドルイド教関連ウェブサイトを読みふけるのも楽しんできました。
www. druidry.org/druid-way/teaching-and- practice/druid-tree-lore.

そして…

樹木については、非常に多くのすばらしい本があります。特に私が好きなのは、トーマス・パーケナムの*"Meetings with Remarkable Trees"*（Phoenix刊、1996年）と*"Remarkable Trees of the World"*（Weidenfeld and Nicolson刊、2002年）、トニー・ホールの*"The Immortal Yew"*（Kew刊、2018年）と*"Great Trees of Britain and Ireland"*（Kew刊、2022年）、リチャード・ウィリアムソンの*"The Great Yew Forest: the Natural History of Kingley Vale"*（Macmillan刊、1978年）です。

p.201 夜の洞のあるブナの古木、バッキンガムシャー州。密な霧に浮かび上がっている。
ジャスパー・グッドール画。

索引

あ

か

さ

た

な

は

ま

や

ら

わ

画像クレジット

本書への画像の複製を温かく許可して下さった下記の画像提供者にお礼を申し上げます。

下記に記したもの以外の画像はすべて、王立植物園キューガーデンのライブラリーおよびアーカイヴのコレクションから掲載しました。

ALAMY STOCK PHOTO: Antiqua Print Gallery 47; Art Heritage 108; Artefact 138; Artokoloro 40; Chronicle 53T, 53B, 59, 67, 98, 101; Classic Image 14; Classic Stock 46; Keith Corrigan 185; Ian Dagnall Computing 190; Gibon Art 41; Granger – Historical Picture Archive 181; The Granger Collection 105; Heritage Image Partnership Ltd 81, 160; Historic Images 102; Interfoto 54, 97, 165; Montagu Images 137; Painters 12; Susan Poupard / Stockimo 151; Mike Read 34; Science History Images 69; Sunny Celeste 75; Svintage Archive 186; Vicimages 42-43

GETTY IMAGES: duncan1890 117; Hein Nouwens 15; Julius Reque 55

THE METROPOLITAN MUSEUM OF ART: The Cloisters Collection 73; H. O. Havemeyer Collection 139; J. Pierpont Morgan 175

MILLENNIUM IMAGES: Jasper Goodall 169, 201

SCIENCE MUSEUM GROUP: 158

SHUTTERSTOCK: Michael Benard 106; Blaze Pro 64; Carl DeAbreu Photography 191; Stephen Orsillo 111

WELLCOME COLLECTION: 159, 161

WIKIMEDIA CREATIVE COMMONS: 10-11, 26, 27, 28-29, 60-61, 72, 88, 96, 109, 182

各画像の提供者・著作権者には正確に記載するよう最大限の努力を払い、連絡を取り確認しました。万一意図せぬ誤り・脱落があった場合は、本書重版時に訂正します。

シリーズ既刊本

魔女の庭
不思議な薬草辞典

サンドラ・ローレンス 著
林 真一郎 監修
堀口容子 訳
ISBN:978-4-7661-3527-5

魔女の森
不思議なきのこ辞典

サンドラ・ローレンス 著
吹春俊光 監修
堀口容子 訳
ISBN:978-4-7661-3694-4

著者：サンドラ・ローレンス（Sandra Lawrence）

ロンドン出身の作家兼ジャーナリスト。数冊の歴史書を上梓し、『マリ・クレール（Marie Claire）』や『カントリーライフ（Country Life）』などの雑誌にも寄稿している。

魔女の樹
不思議の森の樹木事典

2024年4月25日 初版第1刷発行

著　者　サンドラ・ローレンス（©Sandra Lawrence）
発行者　西川正伸
発行所　株式会社 グラフィック社
〒102-0073 東京都千代田区九段北1-14-17
Phone 03-3263-4318
Fax 03-3263-5297
https://www.graphicsha.co.jp

制作スタッフ
翻訳　堀口容子
組版・カバーデザイン　神子澤知弓
編集　金杉沙織
制作・進行　矢澤聡子（グラフィック社）

ISBN 978-4-7661-3840-5　C0076
Printed in China